16G101 图集应用系列

平法钢筋
翻样与下料

PINGFA GANGJIN
FANYANG YU XIALIAO

主　编　李守巨
参　编　付那仁图雅　王红微　刘艳君
　　　　何　影　张黎黎　董　慧　于　涛
　　　　孙石春　李　瑞　白雅君

U0246698

中国电力出版社
CHINA ELECTRIC POWER PRESS

内 容 提 要

本系列图书根据《16G101-1》《16G101-2》《16G101-3》三本新图集以及《中国地震动参数区划图》（GB 18306—2015）、《混凝土结构设计规范（2015 年版）》（GB 50010—2010）、《建筑抗震设计规范（2016 年版）》（GB 50011—2010）及 2016 年局部修订规范等进行编写，主要内容包括基础知识，基础构件的平法钢筋识图与算量，柱、梁、板以及剪力墙等主体构件，以及板式楼梯的翻样与下料。

本书以问答的形式——解答了平法钢筋翻样与下料中的常见问题，通过一些计算实例给出了钢筋的翻样与下料的方法，内容系统，实用性强，便于理解，方便读者理解掌握，可供设计人员、施工技术人员、工程造价人员以及相关专业大中专的师生学习参考。

图书在版编目（CIP）数据

平法钢筋翻样与下料／李守巨主编. —北京：中国电力出版社，2018.1
（16G101 图集应用系列）
ISBN 978-7-5198-1456-4

Ⅰ. ①平… Ⅱ. ①李… Ⅲ. ①建筑工程-钢筋-工程施工-问题解答②钢筋混凝土结构-结构计算-问题解答 Ⅳ. ①TU755.3-44②TU375.01-44

中国版本图书馆 CIP 数据核字（2017）第 294813 号

出版发行：中国电力出版社
地　　址：北京市东城区北京站西街 19 号（邮政编码 100005）
网　　址：http://www.cepp.sgcc.com.cn
责任编辑：杨淑玲
责任校对：王小鹏
装帧设计：王红柳
责任印制：杨晓东

印　　刷：三河市百盛印装有限公司
版　　次：2018 年 1 月第 1 版
印　　次：2018 年 1 月北京第 1 次印刷
开　　本：700 毫米×1000 毫米　16 开本
印　　张：12
字　　数：250 千字
定　　价：38.00 元

前　言

　　平法是"建筑结构施工图平面整体设计方法"的简称，是对结构设计技术方法的理论化、系统化，是一种科学合理、简洁高效的结构设计方法。

　　随着我国建筑工程的飞速发展，钢筋因其优越的材料特性，在建筑结构中起着极其重要的作用。钢筋从订料到下料完成，中间需要施工人员对钢筋进行加工、制作。在加工的过程中，就需要预先对钢筋进行翻样。所谓钢筋翻样，就是根据平法施工图及其相关规范、图集及其计算规则，计算钢筋的长度、根数和重量，并设计出钢筋图形的一项高技术含量的工作。

　　目前，平法钢筋、钢筋连接等技术发展迅速，但钢筋翻样与下料仍未形成一套完整的理论体系，而从事钢筋工程的设计、施工人员，对于钢筋翻样与下料知识的掌握水平以及方法技巧的运用能力等还有待提高。为了满足相关人员的需要，我们根据《16G101-1》《16G101-2》《16G101-3》三本最新图集《中国地震动参数区划图》（GB 18306—2015）、《混凝土结构设计规范（2015年版）》（GB 50010—2010）、《建筑抗震设计规范（2016年版）》（GB 50011—2010）及2016年局部修订规范等进行编写，主要内容包括基础知识，基础构件的平法钢筋翻样与下料，柱、梁、板以及剪力墙等主体构件，以及板式楼梯的翻样与下料。本书以问答的形式一一解答了平法钢筋翻样与下料中的常见问题，通过一些计算实例给出了钢筋的翻样与下料的方法，内容系统，实用性强，便于理解，方便读者理解掌握，可供设计人员、施工技术人员、工程造价人员以及相关专业大中专的师生学习参考。

　　本书在编写过程中参阅和借鉴了许多优秀书籍、图集和有关国家标准，并得到了有关领导和专家的帮助，在此一并致谢。由于作者水平有限，尽管尽心尽力，反复推敲，仍难免存在疏漏或未尽之处，恳请有关专家和读者提出宝贵意见，予以批评指正！

编者

2017 年 9 月

目　　录

1 基 础 知 识

1.1 平法基础知识

1. 什么是平法制图？

平法是建筑结构施工图平面整体设计方法的简称，包括制图规则和构造详图两大部分，就是把结构构件的尺寸和配筋等按照平面整体表示方法制图规则，整体直接表达在各类构件的结构平面布置图上，再与标准构造详图相配合，即构成一套新型完整的结构设计施工图。"平法"一词已被全国范围内的结构设计师、建造师、造价师、监理师、预算人员和技术工人普遍采用。"平法制图"是混凝土结构施工图中"平面整体表示方法制图规则"图示方法的简称。它是目前设计框架、剪力墙等混凝土结构的通用图示方法。

2. 平法结构施工图有哪些表达方式？

平法结构施工图的表达方式主要有平面注写方式、列表注写方式和截面注写方式三种。

（1）平面注写方式。平面注写方式是指在结构平面布置图上，相同编号的构件任选一处注写构件编号、截面尺寸和配筋等施工图元素的表达方式。

（2）列表注写方式。列表注写方式是指在结构平面布置图上，相同编号的构件集中以表格形式注写构件编号、几何尺寸和配筋等施工图元素的表达方式。

（3）截面注写方式。截面注写方式是指在结构平面布置图上，相同编号的构件任选一个截面以放大绘制断面图的形式直接注写构件编号、截面尺寸和配筋等施工图元素的表达方式。

3. G101 系列图集主要适用于哪些范围？

G101 系列图集有明确的适用范围，对于超出该系列图集适用范围，当确需采用平法设计表达方式时，设计人员应给出附加解释并补充相关构造详图。

具体来讲，各个图集的适用范围如下所列：

《16G101-1 混凝土结构施工图平面整体表示方法制图规则和构造详图（现浇混凝土框架、剪力墙、梁、板）》适用于抗震设防烈度为 6~9 度地区的现浇混凝土框架、剪力墙、框架-剪力墙和部分框支剪力墙等主体结构施工图的设计，以及各类结构中的现浇混凝土板（包括有梁楼盖和无梁楼盖）、地下室结构部分现浇混凝土墙体、柱、梁、板结构的施工图设计。

《16G101-2 混凝土结构施工图平面整体表示方法制图规则和构造详图（现浇混凝土板式楼梯）》适用于抗震设防烈度为 6~9 度地区的现浇钢筋混凝土板式楼梯的施工图设计。

《16G101-3 混凝土结构施工图平面整体表示方法制图规则和构造详图（独立基础、条形基础、筏形基础及桩基础）》适用于各种结构类型的现浇混凝土独立基础、条形基础、筏形基础（分梁板式和平板式）及桩基础的施工图设计。

4. 平法图集与其他标准图集有哪些不同？

我们所接触的大量标准图集都是"构件类"标准图集，如预制平板图集、薄腹梁图集、梯形屋架图集、大型屋面板图集等，这些图集对每一个具体的构件，除注明了其工程做法之外，还给出了明确的工程量——混凝土体积、各种钢筋的用量和预埋铁件的用量等。

平法图集与这类图集不同，它主要讲的是混凝土结构施工图平面整体表示方法，也就是"平法"，而不是只针对某一类构件。"平法"的实质是把结构设计师的创造性劳动与重复性劳动区分开来。一方面，把结构设计中的重复性部分，做成标准化的节点构造；另一方面，把结构设计中的创造性部分，使用"平法"来进行设计，从而达到简化设计的目的。因此，每一本平法标准图集都包括"平法"的标准设计规则和标准的节点构造两部分内容。

使用"平法"设计施工图以后，简化了结构设计工作，使图纸数量大大减少，加快了设计速度。但是，也给施工和预算带来了困难。以前的图纸有构件的大样图和钢筋表，照表下料、按图绑扎就可以完成施工任务。钢筋表还给出了钢筋重量的汇总数值，做工程预算是很方便的。但现在整个构件的大样图要根据施工图上的平法标注，结合标准图集给出的节点构造进行想象，钢筋表更是要自己努力去把每根钢筋的形状和尺寸逐一计算出来进行统计。一个普通工程至少会用到几千种钢筋，显然，采用手工计算来处理上述工作是极端麻烦的。

如何解决这一矛盾呢？于是，经过系统分析师和软件工程师共同努力，研究出"平法钢筋自动计算软件"，用户只需要在"结构平面图"上按平法进行标注，就能够自动计算出《工程钢筋表》。但是，光靠软件是不够的，计算机软件不能完全取代人的作用，使用软件的人也要有看懂平法施工图纸、熟悉平法的基本技术。更何况使用平法施工图的人员也不仅仅是预算员。本书就是面向所有使用平法施工图的人员的。

1.2 钢筋及通用构造基础知识

1. 钢筋在图纸中如何表示？

普通钢筋的一般表示方法应符合表 1-1 的规定。

表 1-1 普通钢筋

序号	名 称	图 例	说 明
1	钢筋横截面	•	—
2	无弯钩的钢筋端部		表示长、短钢筋投影重叠时，短钢筋的端部用45°斜画线表示
3	带半圆形弯钩的钢筋端部		—
4	带直钩的钢筋端部		—
5	带丝扣的钢筋端部		—
6	无弯钩的钢筋搭接		—
7	带半圆弯钩的钢筋搭接		—
8	带直钩的钢筋搭接		—
9	花篮螺栓钢筋接头		—
10	机械连接的钢筋接头		用文字说明机械连接的方式（如冷挤压或直螺纹等）

2. 钢筋焊接接头如何表示？

钢筋焊接接头的表示方法应符合表 1-2 的规定。

表 1-2 钢筋焊接接头

序号	名 称	接头形式	标注方法
1	单面焊接的钢筋接头		
2	双面焊接的钢筋接头		
3	用帮条单面焊接的钢筋接头		
4	用帮条双面焊接的钢筋接头		

序号	名　称	接头形式	标注方法
5	接触对焊的钢筋接头 （闪光焊、压力焊）	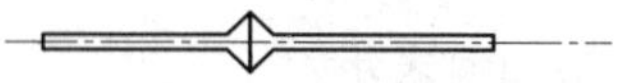	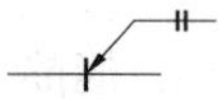
6	坡口平焊的钢筋接头	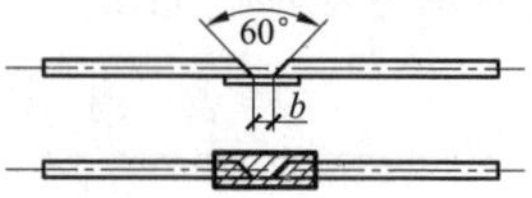 60° b	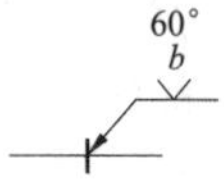 60° b
7	坡口立焊的钢筋接头	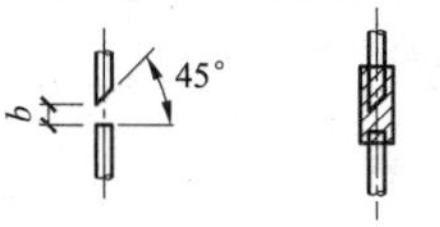 b 45°	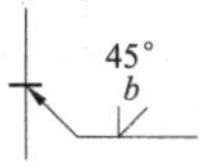 45° b
8	用角钢或扁钢做连接板 焊接的钢筋接头	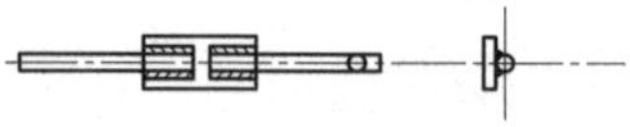	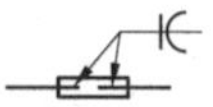
9	钢筋或螺（锚）栓与钢板 穿孔塞焊的接头	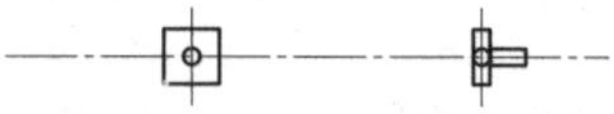	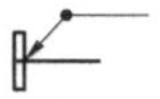

3. 结构图中常见的钢筋画法有哪些?

钢筋画法应符合表 1-3 的规定。

表 1-3　　　　　　　钢　筋　画　法

序号	说　明	图　例
1	在结构楼板中配置双层钢筋时，底层钢筋的弯钩应向上或向左，顶层钢筋的弯钩则应向下或向右	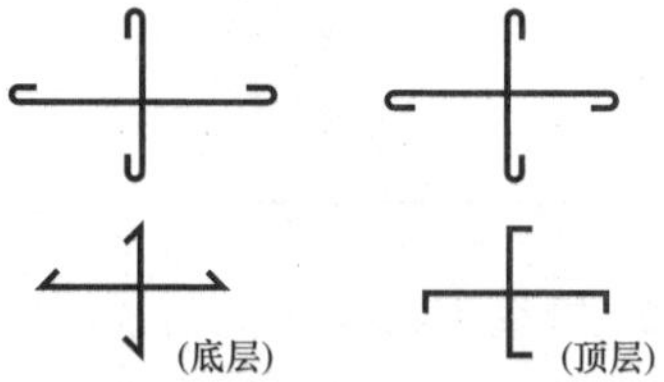 （底层）　　　　（顶层）
2	钢筋混凝土墙体配置双层钢筋时，在配筋立面图中，远面钢筋的弯钩应向上或向左而近面钢筋的弯钩向下或向右（JM 表示近面，YM 表示远面）	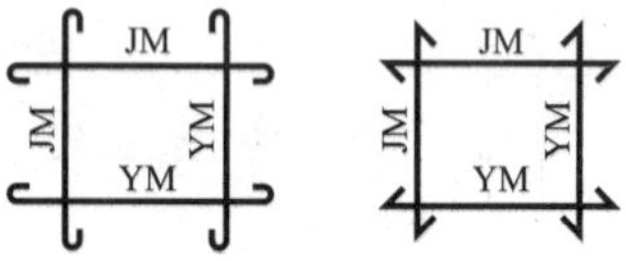 JM YM
3	若在断面图中不能表达清楚的钢筋布置，应在断面图外增加钢筋大样图（例如钢筋混凝土墙、楼梯等）	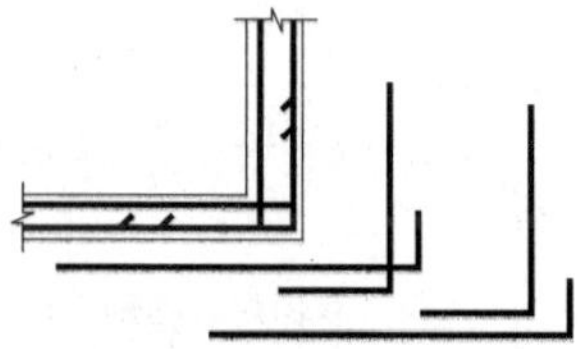

序号	说　　明	图　　例
4	图中所表示的箍筋、环筋等如果布置复杂时，可加画钢筋大样及说明	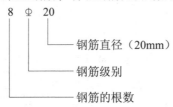
5	每组相同的钢筋、箍筋或环筋，可用一根粗实线表示，同时用一两端带斜短画线的横穿细线，表示其钢筋及起止范围	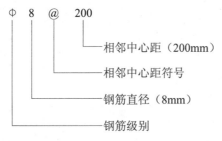

4. 结构图中钢筋如何标注？

（1）梁内受力钢筋、架立钢筋，标注钢筋的根数和直径表示法如下：

8　Φ　20

└─── 钢筋直径（20mm）

└── 钢筋级别

└─ 钢筋的根数

（2）梁内箍筋以及板内钢筋应标注钢筋直径和相邻的钢筋中心间距，表示法如下：

Φ　8　@　200

└─── 相邻中心距（200mm）

└── 相邻中心距符号

└─ 钢筋直径（8mm）

└ 钢筋级别

5. 什么是钢筋锚固？锚固长度如何确定？

钢筋混凝土结构中钢筋能够受力，主要是依靠钢筋和混凝土之间的黏结锚固作用，因此锚固是混凝土结构受力的基础。如果钢筋的锚固失效，则结构可能丧失承载能力并由此引发结构破坏。

当计算中充分利用钢筋的抗拉强度时，受拉钢筋的锚固应符合下列要求：

基本锚固长度应按下列公式计算

$$l_{ab} = \alpha \frac{f_y}{f_t} d \qquad (1-1)$$

$$l_{ab} = \alpha \frac{f_{py}}{f_t} d \tag{1-2}$$

式中　l_{ab}——受拉钢筋的基本锚固长度；

f_y、f_{py}——普通钢筋、预应力钢筋的抗拉强度设计值；

f_t——混凝土轴心抗拉强度设计值，当混凝土强度等级高于 C60 时，按 C60 取值；

d——锚固钢筋的直径；

α——锚固钢筋的外形系数，按表 1-4 选用。

表 1-4　　　　　　　　　　**锚固钢筋的外形系数 α**

钢筋类型	光圆钢筋	带肋钢筋	螺旋肋钢丝	三股钢绞线	七股钢绞线
α	0.16	0.14	0.13	0.16	0.17

注：光面钢筋末端应做 180° 弯钩，弯后平直段长度不应小于 $3d$，但作受压钢筋时可不做弯钩。

纵向受拉钢筋的基本锚固长度见表 1-5。

表 1-5　　　　　　　　　　**纵向受拉钢筋基本锚固长度 l_{ab}**

钢筋种类	混凝土强度等级								
	C20	C25	C30	C35	C40	C45	C50	C55	≥C60
HPB300	$39d$	$34d$	$30d$	$28d$	$25d$	$24d$	$23d$	$22d$	$21d$
HRB335	$38d$	$33d$	$29d$	$27d$	$25d$	$23d$	$22d$	$21d$	$21d$
HRB400 HRBF400 RRB400	—	$40d$	$35d$	$32d$	$29d$	$28d$	$27d$	$26d$	$25d$
HRB500 HRBF500	—	$48d$	$43d$	$39d$	$36d$	$34d$	$32d$	$31d$	$30d$

受拉钢筋的锚固长度应根据具体锚固条件按下列公式计算，且不应小于 200mm。

$$l_a = \zeta_a l_{ab} \tag{1-3}$$

式中　l_a——受拉钢筋的锚固长度；

ζ_a——锚固长度修正系数，按表 1-6 的规定取用，当多于一项时，可按连乘计算，但不应小于 0.6。

表 1-6   受拉钢筋锚固长度修正系数 ζ_a

锚固条件		ζ_a	备 注
带肋钢筋的公称直径大于 25mm		1.10	
环氧树脂涂层带肋钢筋		1.25	—
施工过程中易受扰动的钢筋		1.10	
锚固区保护层厚度	3d	0.80	中间时按内插值。d 为锚固钢筋
	5d	0.70	的直径

当锚固钢筋保护层厚度不大于 5d 时，锚固长度范围内应配置横向构造钢筋，其直径不应小于 d/4；对梁、柱等杆状构件间距不应大于 5d，对板、墙等平面构件间距不大于 10d，且均不应小于 100mm，此处 d 为锚固钢筋的直径。

为保证地震时反复荷载作用下钢筋与其周围混凝土之间具有可靠的黏结强度，规定纵向受拉钢筋的抗震锚固长度 l_{aE} 应按下列公式计算：

一、二级抗震等级：$l_{aE} = 1.15 l_a$。

三级抗震等级：$l_{aE} = 1.05 l_a$。

四级抗震等级：$l_{aE} = l_a$。

抗震设计纵向受拉钢筋的基本锚固长度见表 1-7。

表 1-7   抗震设计纵向受拉钢筋的基本锚固长度 l_{abE}

钢筋种类	抗震等级	混凝土强度等级								
		C20	C25	C30	C35	C40	C45	C50	C55	≥C60
HPB300	一、二级（l_{abE}）	45d	39d	35d	32d	29d	28d	26d	25d	24d
	三级（l_{abE}）	41d	36d	32d	29d	26d	25d	24d	23d	22d
	四级（l_{abE}）	39d	34d	30d	28d	25d	24d	23d	22d	21d
HRB335	一、二级（l_{abE}）	44d	38d	33d	31d	29d	26d	25d	24d	24d
	三级（l_{abE}）	40d	35d	31d	28d	26d	24d	23d	22d	22d
	四级（l_{abE}）	38d	33d	29d	27d	25d	23d	22d	21d	21d
HRB400 HRBF400	一、二级（l_{abE}）	—	46d	40d	37d	33d	32d	31d	30d	29d
	三级（l_{abE}）	—	42d	37d	34d	30d	29d	28d	27d	26d
	四级（l_{abE}）	—	40d	35d	32d	29d	28d	27d	26d	25d
HRB500 HRBF500	一、二级（l_{abE}）	—	55d	49d	45d	41d	39d	37d	36d	35d
	三级（l_{abE}）	—	50d	45d	41d	38d	36d	34d	33d	32d
	四级（l_{abE}）	—	48d	43d	39d	36d	34d	32d	31d	30d

6. 混凝土保护层的最小厚度是如何规定的？有哪些影响因素？

混凝土保护层的最小厚度取决于构件的耐久性、耐火性和受力钢筋黏结锚固性能的要求，同时与环境类别有关，混凝土结构的环境类别见表1-8。

表1-8 混凝土结构的环境类别

环境类别	条件
一	室内干燥环境 无侵蚀性静水浸没环境
二 a	室内潮湿环境 非严寒和非寒冷地区的露天环境 非严寒和非寒冷地区与无侵蚀性的水或土壤直接接触的环境 严寒和寒冷地区的冰冻线以下与无侵蚀性的水或土壤直接接触的环境
二 b	干湿交替环境 水位频繁变动环境 严寒和寒冷地区的露天环境 严寒和寒冷地区冰冻线以上与无侵蚀性的水或土壤直接接触的环境
三 a	严寒和寒冷地区冬季水位变动区环境 受除冰盐影响的环境 海风环境
三 b	盐渍土环境 受除冰盐作用的环境 海岸环境
四	海水环境
五	受人为或自然的侵蚀性物质影响的环境

注：1. 室内潮湿环境是指构件表面经常处于结露或湿润状态的环境。
　　2. 严寒和寒冷地区的划分应符合国家现行标准《民用建筑热工设计规范》（GB 50176—2016）的有关规定。
　　3. 海岸环境和海风环境宜根据当地情况，考虑主导风向及结构所处迎风、背风部位等因素的影响，由调查研究和工程经验确定。
　　4. 受除冰盐影响的环境是指受到除冰盐盐雾影响的环境；受除冰盐作用的环境是指被除冰盐溶液溅射的环境以及使用除冰盐地区的洗车房、停车楼等建筑。
　　5. 暴露的环境是指混凝土结构表面所处的环境。

G101图集中规定纵向受力钢筋的混凝土保护层的最小厚度应符合表1-9的要求。

表1-9 混凝土保护层的最小厚度 （单位：mm）

环境类别	板、墙	梁、柱
一	15	20
二 a	20	25

环境类别	板、墙	梁、柱
二 b	25	35
三 a	30	40
三 b	40	50

注：1. 表中混凝土保护层厚度指最外层钢筋外边缘至混凝土表面的距离，适用于设计使用年限为50年的混凝土结构。

2. 构件中受力钢筋的保护层厚度不应小于钢筋的公称直径。

3. 一类环境中，设计使用年限为100年的结构最外层钢筋的保护层厚度不应小于表中数值的1.4倍；二、三类环境中，设计使用年限为100年的结构应采取专门的有效措施。

4. 混凝土强度等级不大于C25时，表中保护层厚度数值应增加5mm。

5. 基础地面钢筋的保护层厚度，有混凝土垫层时应从垫层顶面算起，且不应小于40mm；无垫层时不小于70mm。

7. 混凝土保护层厚度是越大越好吗？

在施工中不要随便增大混凝土保护层的厚度。因为，倘若增大了梁的上部纵筋和下部纵筋的保护层厚度，将会减小梁上部纵筋到梁底的高度或梁下部纵筋到梁顶的高度，从而降低了梁的"有效高度"。结构设计师是按照原定的有效高度计算梁的配筋的，倘若在施工中降低了梁的有效高度，就等于违背了设计意图，降低了梁的承载能力，这是非常危险的事情。

8. 钢筋计算常用的数据有哪些？

钢筋的计算截面面积及理论质量，见表1-10。

表1-10　　　　　　　　钢筋的计算截面面积及理论质量

公称直径 /mm	不同根数钢筋的计算截面面积/mm²									单根钢筋理论质量/（kg/m）
	1	2	3	4	5	6	7	8	9	
6	28.3	57	85	113	142	170	198	226	255	0.222
8	50.3	101	151	201	252	302	352	402	453	0.395
10	78.5	157	236	314	393	471	550	628	707	0.617
12	113.1	226	339	452	565	678	791	904	1017	0.888
14	153.9	308	461	615	769	923	1077	1231	1385	1.21
16	201.1	402	603	804	1005	1206	1407	1608	1809	1.58
18	254.5	509	763	1017	1272	1527	1781	2036	2290	2.00（2.11）
20	314.2	628	942	1256	1570	1884	2199	2513	2827	2.47
22	380.1	760	1140	1520	1900	2281	2661	3041	3421	2.98
25	490.9	982	1473	1964	2454	2945	3436	3927	4418	3.85（4.10）
28	615.8	1232	1847	2463	3079	3695	4310	4926	5542	4.83

续表

公称直径 /mm	不同根数钢筋的计算截面面积/mm²									单根钢筋理论质量/(kg/m)
	1	2	3	4	5	6	7	8	9	
32	804.2	1609	2413	3217	4021	4826	5630	6434	7238	6.31 (6.65)
36	1017.9	2036	3054	4072	5089	6107	7125	8143	9161	7.99
40	1256.6	2513	3770	5027	6283	7540	8796	10 053	11 310	9.87 (10.34)
50	1963.5	3928	5892	7856	9820	11 784	13 748	15 712	17 676	15.42 (16.28)

注：括号内为预应力螺纹钢筋的数值。

热轧钢筋的直径、横截面面积和质量见表 1-11。

表 1-11　　　　　　　热轧钢筋的直径、横截面面积和质量

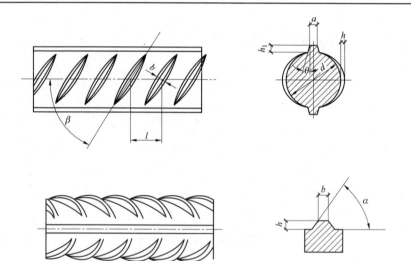

月牙肋钢筋表面及截面形状

d—钢筋直径；α—横肋斜角；h—横肋高度；β—横肋与轴线夹角；

h_1—纵肋高度；a—纵肋顶宽；l—横肋间距；b—横肋顶宽；θ—纵肋斜角

公称直径/mm	内径/mm	纵、横肋高 h_1、h_2/mm	公称横截面面积/mm²	理论质量/(kg/m)
6	5.8	0.6	28.27	0.222
8	7.7	0.8	50.27	0.395
10	9.6	1.0	78.54	0.617
12	11.5	1.2	113.1	0.888
14	13.4	1.4	153.9	1.21
16	15.4	1.5	201.1	1.58
18	17.3	1.6	254.5	2.00

续表

公称直径/mm	内径/mm	纵、横肋高 h_1、h_2/mm	公称横截面面积/mm²	理论质量/(kg/m)
20	19.3	1.7	314.2	2.47
22	21.3	1.9	380.1	2.98
25	24.2	2.1	190.9	3.85
28	27.2	2.2	615.8	4.83
32	31.0	2.4	804.2	6.31
36	35.0	2.6	1018	7.99
40	38.7	2.9	1257	9.87
50	48.5	3.2	1964	15.42

冷轧带肋钢筋的直径、横截面面积和质量见表1-12。

表 1-12   **冷轧带肋钢筋的直径、横截面面积和质量**

公称直径/mm	公称横截面面积/mm²	理论质量/(kg/m)
(4)	12.6	0.099
5	19.6	0.154
6	28.3	0.222
7	38.5	0.302
8	50.3	0.395
9	63.6	0.499
10	78.5	0.617
12	113.1	0.888

钢绞线公称直径、横截面积和质量见表1-13。

表 1-13   **钢绞线公称直径、横截面面积和质量**

种类	公称直径/mm	公称横截面面积/mm²	理论质量/(kg/m)
1×3	8.6	37.7	0.296
	10.8	58.9	0.462
	12.9	84.8	0.666
1×7	9.5	54.8	0.430
	11.1	74.2	0.582
	12.7	98.7	0.775
	15.2	140	1.101

1.3 钢筋翻样与下料基础知识

1. 钢筋翻样的要求有哪些?

（1）全面性。即不漏项，精通图纸的表示方法，熟悉图纸中使用的标准构造详图，不遗漏建筑结构上的每一构件、每一细节，是钢筋翻样的重要前提和主要依据。

（2）准确性。即不少算、不多算、不重算。由于钢筋受力性能不同，故不同构件的构造要求不同，长度与根数也不相同，则准确计算出各类构件中的钢筋工程量，是翻样的根本任务。

（3）合规性。钢筋翻样和算量计算过程需遵从设计图纸，应符合国家现行规范、规程与标准的要求，才能保证结构中钢筋用量符合要求。

（4）适用性。钢筋的翻样结果不仅可用于钢筋的绑扎与安装，还可以用于预算、结算、材料计划与成本控制等方面。因此，钢筋翻样成果要有很强的适用范围。钢筋质量是基础性数据，钢筋计算要有可靠性，不因误差过大而导致被动和损失。

（5）指导性。钢筋翻样的结果不仅服务于施工而且还能够指导施工，可以通过详细准确的钢筋排列图可以避免工人操作失误，根据钢筋价格与接头费用的比较得出最经济的钢筋接头方案，不仅能在预算阶段通过精确估算来避免材料采购的损失，还能在结算阶段避免少算漏算所造成的不必要损失。

2. 钢筋翻样的基本理论有哪些?

在翻样技术中融入系统论、信息论与控制论方法，结合传统的方法，形成多元化技术与具有普遍适用性的理论，指导翻样实践。系统论的方法告诉我们，系统大于个体之和，系统内的各要素是有序的排列而不是混乱的组合。建筑是一个完整的系统，我们要从系统角度和关系来进行钢筋翻样。

新手刚开始从事钢筋翻样时通常处于混沌状态，仅是孤立地计算每个构件，没有发现构件间的内在规律与逻辑关系，难免丢三落四，准确度无法得到保证。随着时间的推移与经验的积累，他们逐渐掌握翻样的技巧与方法，在计算时头脑中形成整个立体三维建筑模型，有清晰的计算思路，漏项现象大为减少。随着所做工程的逐渐增多，量变达到质变，计算速度越来越快，精确度也越来越高。这个时候不是独立地计算某一构件、某一栋楼，而是将所计算的工程无不列在历史工程数据系统中，并对工程类别进行细分，不仅可以提炼出有价值、有规律性的经验数据，还能充分利用原有的工程数据进行比较与分析。

信息论是研究信息的本质，并且用数学方法研究信息的计量、传递和储存的学科。信息化浪潮汹涌而来，但是钢筋翻样还普遍停留在原始的、落后的手工方式。手工翻样虽然相对自由，符合人的思维习惯，计算式清晰，对零星构件的计算具有一定的优势，但是它效率低，最致命的是不能进行数据的交换、传递与储存。尽管软件计算有诸多不足，但与手工相比还是具有无可比拟的优点。软件算量是钢筋翻样的最佳选择，也是衡量钢筋翻样人员能力高低的一项重要指标。图形建模技术的主要优点：一是软件再现工程图纸全部信息，对量不必带一大堆图纸，查找、对量既直观，又方便；二是自动扣减，计算准确；三是能够导入设计院电子文档或者钢筋软件数据，高效；四是修改汇总十分方便。而缺点是对一些零星构件缺乏灵活性，软件应用入门门槛较高。

控制论是研究各种系统的控制、调节的一般规律，它的基本概念是信息概念与反馈概念。主要研究方法包括信息方法、黑箱系统辨识法与功能模拟方法。钢筋翻样的主要任务是质量控制、材料控制，在算量阶段也需要控制论的方法，我们应在算量的精确度与成本之间找到平衡。在钢筋对量时控制论是一种十分有效的方法论。

钢筋翻样最基本的要求是做到"达"，也就是能达到规范标准，达到验收标准，达到可操作性与施工方便性要求，达到满足计算规则要求，达到节约钢筋的标准。

钢筋翻样具有不可逆性，先有料单后有加工单，然后工人按成型钢筋绑扎，这是一种不能逆转的施工顺序，不可能抛开料单而直接按图纸施工。因此，钢筋翻样是复杂、烦琐与严谨的技术性工作。施工钢筋翻样的合理性、可操作性以及钢筋预算的精确度基于翻样师扎实的理论基础以及丰富的施工经验积累。

3. 钢筋翻样的基本原则有哪些?

钢筋混凝土建筑可以分为基础、柱、墙、梁、板及其他构件。在翻样前必须对建筑整体性有宏观把握以及三维空间想象。基础、柱、墙、梁、板是建筑的基本组成构件。楼板承受恒载与活载，主要受弯矩作用，板将荷载传递给梁，无梁结构板的荷载直接传递给柱。梁主要承受弯矩与剪力作用，梁将荷载转移到柱或墙等竖向构件上。柱主要承受压力。墙除了起围护作用之外，也起承重作用。基础承受竖向构件的荷载并将荷载均匀地传递到地基上。根据力的传递规律确定本体构件与关联构件，即确定谁是谁的支座问题。本体构件的箍筋贯通，关联构件锚入本体构件，箍筋不进入支座，重合部位的钢筋不重复布置。由于构件间存在这种关联，钢筋翻样师必须考虑构件之间的相互扣减与关联锚固。引起结构变形和产生内力的不仅是荷载，其他原因也可能使结构变形和产生内力。

在宏观把握工程结构主要构件的基础上，需对每一构件计算的那些钢筋进行细化，从微观的层面进行分析，例如构件包括受力钢筋、箍筋、分布钢筋、构造钢筋与措施钢筋。然后针对每一种构件具体需要计算哪些钢筋，做到心中有数。

4. 钢筋翻样的基本方法有哪些？

（1）纯手工法。纯手工法是最原始、比较可靠的传统方法，现在仍是人们最常用的方法。与软件相比，具有极强的灵活性，但运算速度和效率远不如软件。

（2）电子表格法。以模拟手工的方法，在电子表格中设置一些计算公式，让软件去汇总，可以减轻一部分工作量。

（3）单根法。单根法是钢筋软件最基本、最简单，也是万能输入的一种方法，有的软件已能让用户自定义钢筋形状，可以处理任意形状钢筋的计算，这种方法很好地弥补了电子表格中钢筋形状不好处理的问题，但其效率仍然较低，智能化、自动化程度也低。

（4）单构件法（或称参数法）。这种方法比起单根法又前进了一步，也是目前仍然在大量使用的一种方法。这种模式简单直观，通过软件内置各种有代表性标准的典型性构件图库，一并内置相应的计算规则。用户可以输入各种构件截面信息、钢筋信息和一些公共信息，软件自动计算出构件的各种钢筋长度和数量。但其弱点是适应性差，软件中内置的图库总是有限的，也无法穷举日益复杂的工程实际，遇到与软件中构件不一致的构件，软件往往无能为力，特别是一些复杂的异形构件，用构件法是难以处理的。

（5）图形法（或称建模法）。这是一种钢筋翻样的高级方法，也是比较有效的方法，与结构设计的模式类似，即首先设置建筑的楼层信息、与钢筋有关的各种参数信息、各种构件的钢筋计算规则、构造规则，以及钢筋的接头类型等一系列参数，然后根据图纸建立轴网，布置构件，输入构件的几何属性和钢筋属性，软件自动考虑构件之间的关联扣减，进行整体计算。这种方法智能化程度高，由于软件能自动读取构件的相关信息，所以构件参数输入少。同时对各种形状复杂的建筑也能处理。但其操作方法复杂，特别是建模使一些计算机水平低的人望而生畏。

（6）CAD 转化法。目前为止这是效率最高的钢筋翻样技术，就是利用设计院的 CAD 电子文件进行导入和转化，从而变为钢筋软件中的模型，让软件自动计算。这种方法可以省去用户建模的步骤，大大提高了钢筋计算的时间，但这种方法有两个前提，一是要有 CAD 电子文档，二是软件的识别率和转化率高，两者缺一不可。如果没有 CAD 电子文档，是否可以寻找其他的解决之道，如用数码相机拍摄的数字图纸为钢筋软件所能兼容和识别的格式，从而为图纸转化创造条件。当前识别率不能达到理想的全识别技术也是困扰钢筋软件研发人员的一大问题，因为即使是 99% 的识别率用户还是需要用 99% 的时间去查找 1% 的错误，有时如大海捞针，只能逐一检查，这样反而浪费了不少时间。

以上方法往往需要结合使用，没有哪种方法可以解决钢筋翻样的所有问题。

5. 什么是外皮尺寸？

结构施工图中所标注的钢筋尺寸，是钢筋的外皮尺寸。外皮尺寸是指结构施工图中钢筋外边缘至外边缘之间的长度，是施工中度量钢筋长度的基本依据。它和钢筋的下料尺寸是不一样的。

钢筋材料明细表（表 1-14）中简图栏的钢筋长度 L_1，如图 1-1 所示。L_1 是出于构造的需要标注的，所以钢筋材料明细表中所标注的尺寸是外皮尺寸。通常情况下，钢筋的边界线是从钢筋外皮到混凝土外表面的距离（保护层厚度）来考虑标注钢筋尺寸的。故这里所指的 L_1 是设计尺寸，不是钢筋加工下料的施工尺寸，如图 1-2 所示。

表 1-14   **钢 筋 材 料 明 细 表**

钢筋编号	简图	规格	数量
①	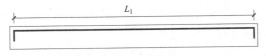 L_2 L_1 L_2	Φ22	2

L_1

图 1-1   表 1-14 中的钢筋长度

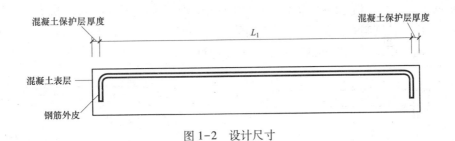

图 1-2   设计尺寸

6. 什么是钢筋下料长度？

钢筋加工前按直线下料，加工变形以后，钢筋外边缘（外皮）伸长，内边缘（内皮）缩短，但钢筋中心线的长度是不会改变的。

如图 1-3 所示，结构施工图上所示受力主筋的尺寸界限就是钢筋的外皮尺寸。钢筋加工下料的实际施工尺寸为（$ab+bc+cd$），其中 ab 为直线段，bc 线段为弧线，cd 为直线段。除此之外，箍筋的设计尺寸，通常采用的是内皮标注尺寸的方法。计算钢筋的下料长度，就是计算钢筋中心线的长度。

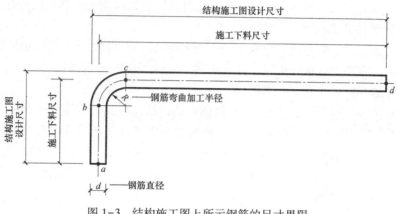

图 1-3   结构施工图上所示钢筋的尺寸界限

7. 什么是差值？

在钢筋材料明细表的简图中，所标注外皮尺寸之和大于钢筋中心线的长度。它所多出来的数值，就是差值，可用式（1-4）来表示

$$钢筋外皮尺寸之和-钢筋中心线的长度=差值 \qquad (1-4)$$

对于标注内皮尺寸的钢筋，其差值随角度的不同，有可能是正，也有可能是负。差值分为外皮差值和内皮差值两种。

（1）外皮差值。如图 1-4 所示是结构施工图上 90°弯折处的钢筋，它是沿外皮（$xy+yz$）衡量尺寸的。而如图 1-5 所示弯曲处的钢筋，则是沿钢筋的中和轴（钢筋被弯曲后，既不伸长也不缩短的钢筋中心线）ab 弧线的弧长。因此，折线（$xy+yz$）的长度与弧线的弧长 ab 之间的差值，称为"外皮差值"。$xy+yz>ab$。外皮差值通常用于受力主筋的弯曲加工下料计算。

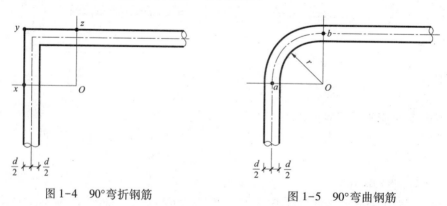

图 1-4   90°弯折钢筋   图 1-5   90°弯曲钢筋

（2）内皮差值。图 1-6 所示是结构施工图上 90°弯折处的钢筋，它是沿内皮（$xy+yz$）测量尺寸的，而图 1-7 所示弯曲处的钢筋，则是沿钢筋的中和轴弧线

ab 测量尺寸的。因此，折线（$xy+yz$）的长度与弧线的弧长 ab 之间的差值，称为"内皮差值"。（$xy+yz$）>ab，即 90°内皮折线（$xy+yz$）仍然比弧线 ab 长。内皮差值通常用于箍筋弯曲加工下料的计算。

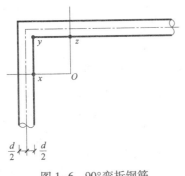

图 1-6　90°弯折钢筋

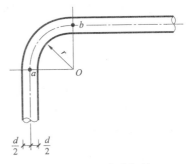

图 1-7　90°弯曲钢筋

8. 什么是箍筋的内皮尺寸？

梁和柱中的箍筋，通常用内皮尺寸标注，这样便于设计。梁、柱截面的高度、宽度与保护层厚度的差值即为箍筋高度、宽度的内皮尺寸，如图 1-8 所示。墙、梁、柱的混凝土保护层的最小厚度见表 1-9，混凝土结构的环境类别见表 1-8。

9. 什么是角度基准？

钢筋弯曲前的原始状态——笔直的钢筋，弯折以前为 0°。这个 0°的钢筋轴线，就是"角度基准"。如图 1-9 所示，部分弯折后的钢筋轴线与弯折以前的钢筋轴线（点画线）所形成的角度即为加工弯曲角度。

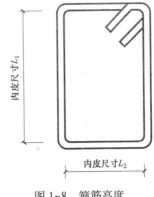

图 1-8　箍筋高度、宽度的内皮尺寸

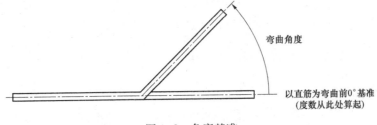

图 1-9　角度基准

10. 如何计算小于或等于 90°钢筋弯曲外皮差值？

如图 1-10 所示，钢筋的直径大小为 d；钢筋弯曲的加工半径为 R。钢筋加工弯曲后，钢筋内皮 pq 间弧线，就是以 R 为半径的弧线，设钢筋弯折的角度为

α。自 O 点引垂直线交水平钢筋外皮线于 x 点，再从 O 点引垂直线交倾斜钢筋外皮线于 z 点。∠xOz=α。Oy 平分∠xOz，因此∠xOy、∠zOy 均为 α/2。

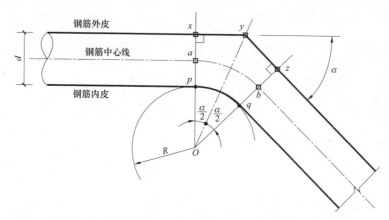

图 1-10   小于或等于 90°钢筋弯曲外皮差值计算示意图

如前所述，钢筋加工弯曲后，其中心线的长度是不变的。（xy+yz）的展开长度同弧线 ab 的展开长度之差，即为所求的差值。

$$\left|\overline{xy}\right| = \left|\overline{yz}\right| = (R+d) \times \tan\frac{\alpha}{2}$$

$$\left|\overline{xy}\right| + \left|\overline{yz}\right| = 2\times(R+d) \times \tan\frac{\alpha}{2}$$

$$\overset{\frown}{ab} = \left(R+\frac{d}{2}\right) \times a$$

$$\left|\overline{xy}\right| + \left|\overline{yz}\right| - \overset{\frown}{ab} = 2\times(R+d) \times \tan\frac{\alpha}{2} - \left(R+\frac{d}{2}\right) \times a$$

以角度 α、弧度 a 和 R 为变量计算的外皮差值公式为

$$外皮差值 = 2\times(R+d) \times \tan\frac{\alpha}{2} - \left(R+\frac{d}{2}\right) \times a \tag{1-5}$$

式中   α——角度，单位为"度（°）"；

a——弧度。

用角度 α 换算弧度 a 的公式如下：

$$弧度 = \pi \times 角度/180° (即 a = \pi \times \alpha/180°) \tag{1-6}$$

将式（1-5）中角度换算成弧度，即

$$外皮差值 = 2\times(R+d) \times \tan\frac{\alpha}{2} - \left(R+\frac{d}{2}\right) \times \pi \times \frac{\alpha}{180°} \tag{1-7}$$

11. 常用钢筋加工弯曲半径是多少？

常用钢筋加工弯曲半径应符合表 1-15 的规定。

表 1-15   常用钢筋加工弯曲半径

钢筋用途	钢筋加工弯曲半径 R
HRB335 级主筋	≥2d
HRB400 级主筋	≥2.5d
平法框架主筋直径 d≤25mm	4d
平法框架主筋直径 d>25mm	6d
平法框架顶层边节点主筋直径 d≤25mm	6d
平法框架顶层边节点主筋直径 d>25mm	8d

12. 弯曲钢筋差值是如何规定的？

（1）标注钢筋外皮尺寸的差值。钢筋外皮尺寸的差值见表 1-16。

表 1-16   钢筋外皮尺寸的差值

弯曲角度	箍筋	HRB335 级主筋	HRB400 级主筋	平法框架主筋		
	$R=2.5d$	$R=2d$	$R=2.5d$	$R=6d$	$R=6d$	$R=8d$
30°	0.305d	0.299d	0.305d	0.323d	0.348d	0.373d
45°	0.543d	0.522d	0.543d	0.608d	0.694d	0.78d
60°	0.9d	0.846d	0.9d	1.061d	1.276d	1.491d
90°	2.288d	2.073d	2.288d	2.931d	3.79d	4.648d
135°	2.831d	2.595d	2.831d	3.539d	4.484d	5.428d
180°	4.576d	4.146d	4.576d			

135°钢筋的弯曲差值，要绘出其外皮线，如图 1-11 所示。外皮线的总长度为 $wx+xy+yz$，下料长度为 $wx+xy+yz-135°$ 差值。按如图 1-10 所示推导算式

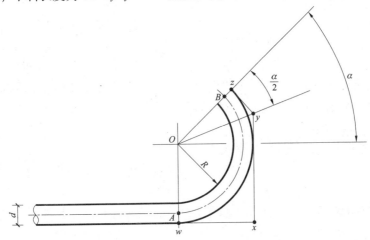

图 1-11 135°钢筋的弯曲差值计算示意图

135°弯钩的展开弧线长度 $=2\times(R+d)+2\times(R+d)\times\tan(\alpha/2)$，则

$$下料长度 =2\times(R+d)+2\times(R+d)\times\tan(\alpha/2)-135°差值 \qquad (1-8)$$

按相关规定要求，钢筋的加工弯曲直径取 $D=5d$ 时，求得各弯折角度的量度近似差值，见表1-17。

表 1-17　　　　　　　　　　　　钢筋弯折角度的量度近似差值

弯折角度	30°	45°	60°	90°	135°
量度差值	0.3d	0.5d	1.0d	2.0d	3.0d

（2）标注钢筋内皮尺寸的差值。通常箍筋标注内皮尺寸，具体差值见表1-18。

表 1-18　　　　　　　　　　　　钢筋内皮尺寸的差值

弯折角度	箍筋差值
	$R=2.5d$
30°	$-0.231d$
45°	$-0.285d$
60°	$-0.255d$
90°	$-0.288d$
135°	$+0.003d$
180°	$+0.576d$

13. 钢筋端部弯钩尺寸如何计算？

（1）135°钢筋端部弯钩尺寸标注方法。钢筋端部弯钩是指大于 90° 的弯钩。如图1-12（a）所示，AB 弧线展开长度为 AB'，BC 为钩端的直线部分。从 A 点弯起，向上直到直线上端 C 点。展开后，即为线段 AC'。L' 是钢筋的水平部分，md 是钩端的直线部分长度，$R+d$ 是钢筋弯曲部分外皮的水平投影长度。如图1-12（b）所示是施工图上简图尺寸注法。钢筋两端弯曲加工后，外皮间尺寸为 L_1。两端以外剩余的长度 $[AB+BC-(R+d)]$ 即为 L_2。

钢筋弯曲加工后外皮的水平投影长度 L_1 为

$$L_1=L'+2(R+d) \qquad (1-9)$$

$$L_2=AB+BC-(R+d) \qquad (1-10)$$

（2）180°钢筋端部弯钩尺寸标注方法。如图1-13（a）所示，AB 弧线展开长度为 AB'。BC 为钩端的直线部分。从 A 点弯起，向上直到直线上端 C 点。展开后，即为 AC' 线段。L' 是钢筋的水平部分，$R+d$ 是钢筋弯曲部分外皮的水平投

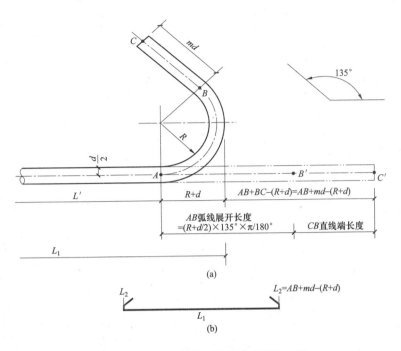

图 1-12　135°钢筋端部弯钩尺寸标注方法

影长度。如图 1-13（b）所示是施工图上简图尺寸注法。钢筋两端弯曲加工后，外皮间尺寸为 L_1。两端以外剩余的长度 $[AB+BC-(R+d)]$ 即为 L_2。

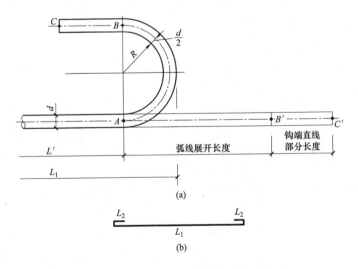

图 1-13　180°钢筋端部弯钩尺寸标注方法

钢筋弯曲加工后外皮的水平投影长度 L_1 为

$$L_1 = L' + 2(R+d) \tag{1-11}$$

$$L_2 = AB + BC - (R+d) \tag{1-12}$$

（3）常用弯钩端部长度表。钢筋端部弯钩弯起角度常见的有 30°、45°、60°、90°、135° 和 180° 几种情况，列成表 1-19 计算表格便于查阅。

表 1-19　　　　　　　　　常用弯钩端部长度表

弯起角度	钢筋弧中心线长度	钩端直线部分长度	合计长度
30°	$(R+d/2) \times 30° \times \pi/180°$	10d	$(R+d/2) \times 30° \times \pi/180° + 10d$
		5d	$(R+d/2) \times 30° \times \pi/180° + 5d$
		75mm	$(R+d/2) \times 30° \times \pi/180° + 75mm$
45°	$(R+d/2) \times 45° \times \pi/180°$	10d	$(R+d/2) \times 45° \times \pi/180° + 10d$
		5d	$(R+d/2) \times 45° \times \pi/180° + 5d$
		75mm	$(R+d/2) \times 45° \times \pi/180° + 75mm$
60°	$(R+d/2) \times 60° \times \pi/180°$	10d	$(R+d/2) \times 60° \times \pi/180° + 10d$
		5d	$(R+d/2) \times 60° \times \pi/180° + 5d$
		75mm	$(R+d/2) \times 60° \times \pi/180° + 75mm$
90°	$(R+d/2) \times 90° \times \pi/180°$	10d	$(R+d/2) \times 90° \times \pi/180° + 10d$
		5d	$(R+d/2) \times 90° \times \pi/180° + 5d$
		75mm	$(R+d/2) \times 90° \times \pi/180° + 75mm$
135°	$(R+d/2) \times 135° \times \pi/180°$	10d	$(R+d/2) \times 135° \times \pi/180° + 10d$
		5d	$(R+d/2) \times 135° \times \pi/180° + 5d$
		75mm	$(R+d/2) \times 135° \times \pi/180° + 75mm$
180°	$(R+d/2) \times \pi$	10d	$(R+d/2) \times \pi + 10d$
		5d	$(R+d/2) \times \pi + 5d$
		75mm	$(R+d/2) \times \pi + 75mm$
		3d	$(R+d/2) \times \pi + 3d$

14. 箍筋如何计算？

箍筋的常用形式有 3 种，目前施工图上应用最多的是图 1-14（c）所示的形式。

图 1-14（a）、（b）的箍筋形式多用于非抗震结构，图 1-14（c）所示的箍筋形式多用于平法框架抗震结构或非抗震结构中。可根据箍筋的内皮尺寸计算钢筋下料尺寸。

图 1-15（a）是绑扎在梁、柱中的箍筋（已经弯曲加工完的）。为了便于计

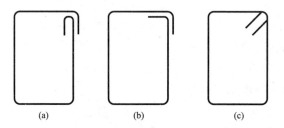

图 1-14   箍筋示意图

(a) 90°/180°；(b) 90°/90°；(c) 135°/135°

算，假想它由两个部分组成：一部分如图 1-15（b）所示，为 1 个闭合的矩形，4 个角是以 $R=2.5d$ 为半径的弯曲圆弧。另一部分如图 1-15（c）所示，有 1 个半圆，它是由 1 个半圆和 2 个相等的直线组成。图 1-15（d）是图 1-15（c）的放大示意图。

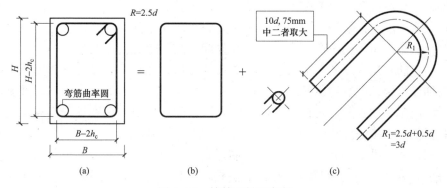

图 1-15   箍筋下料示意图

下面根据图 1-15（b）和图 1-15（c）分别计算下料长度，两者之和即为箍筋的下料长度，计算过程如下：

图 1-15（b）部分下料长度：

$$下料长度 = 内皮尺寸 - 4 \times 差值 = 2 \times (H - 2h_c) + 2 \times (B - 2h_c) - 4 \times 0.288d$$
$$= 2H + 2B - 8h_c - 1.152d$$

图 1-15（c）部分下料长度：

半圆中心线长：$3d\pi \approx 9.424d$

端钩的弧线和直线段长度：

当 $10d > 75$mm 时，$9.424d + 2 \times 10d = 29.424d$；

当 75mm $> 10d$ 时，$9.424d + 2 \times 75$mm。

合计箍筋下料长度：

当 $10d>75$ mm 时　　箍筋下料长度 $=2H+2B-8h_c+29.424d$　　　　（1-13）

当 $10d\leqslant75$ mm 时　　箍筋下料长度 $=2H+2B-8h_c+9.424d+150$ mm　　（1-14）

式中　h_c——保护层厚度，mm。

图 1-15 （b）所示是带有圆角的矩形，四边的内部尺寸与内皮法的钢筋弯曲加工的 90°差值即为这个矩形的长度。

图 1-15 （c）所示是由半圆和两段直筋组成。半圆圆弧的展开长度是由它的中心线的展开长度来决定的。中心线的圆弧半径为 $R+d/2$，半圆圆弧的展开长度为（$R+d/2$）与 π 的乘积。箍筋的下料长度，要注意钩端的直线长度的规定，取 $10d$ 和 75mm 中的大值。

对上面两个公式，进行进一步分析推导，发现因箍筋直径大小不同，当直径小于或等于 6.5mm 时，采用式（1-14），当直径大于或等于 8mm 时，采用式（1-13）。

15. 螺旋箍筋如何计算?

采用普通箍筋的构件在承受反复循环荷载后会产生很大的变形：随之而来的是混凝土破裂，箍筋末端崩裂，从而失去对混凝土的约束作用，失去箍筋的受剪承载力。而螺旋箍筋可有效避免此问题，因为螺旋箍筋是连续的，不存在受震后箍筋末端崩开的弱点，能抵御更大的变形，并且螺旋箍筋不需要每个水平段加设弯钩，可节约钢筋。钢筋加工和绑扎简便，也节约大量人工。螺旋箍筋可广泛用于柱、梁等构件。不过尽管有许多优点，但使用率很低，规范上也没有提倡这种做法。

圆柱和钻孔灌注桩常采用螺旋箍筋形式，它具有方便施工、节约钢筋、增强箍筋对柱的约束力等优点。在以平法表示的设计中，螺旋箍筋用 L 表示，如 $L\Phi10@100/200$。螺旋箍筋也分加密和非加密两种，螺旋箍筋有时只有一种间距，如 $L\Phi10@100$。按平法规定，螺旋箍筋开始与结束位置应有水平段长度，不小于一圈半。箍筋的端部有 135°弯钩，弯钩长度为 $10d$。

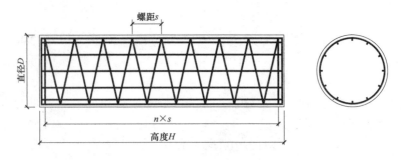

图 1-16　等间距螺旋箍

图 1-16 中螺旋箍筋在柱面的展开长度为 3 个圆箍筋周长加中段斜长之和。斜长相当于直角三角形的斜边，其中一个直角边长度为螺旋箍筋的间距，另一直角边长为圆周长（减去保护层厚度后），其计算如下：

$$上（下）水平圆一圈半展开长度 = 1.5×\pi×(D-2×c+d)$$

$$螺旋箍筋展开长度 = H/s×\sqrt{[\pi×(D-2×c+d)]^2+s^2}$$

$$弯钩长度 = 2×11.9d$$

$$螺旋箍筋总长度 = 3×\pi×(D-2×c+d)+H/s×$$

$$\sqrt{[\pi×(D-2×c+d)]^2+s^2}+2×11.9d \quad (1-15)$$

式中　D——柱或桩的直径，mm；

　　　H——柱或桩的高度，mm；

　　　s——螺旋箍筋的间距，mm；

　　　d——螺旋箍筋的直径，mm；

　　　c——柱或桩的保护层厚度，mm。

当螺旋箍筋有加密和非加密间距时，中间螺旋箍筋展开长度应分别计算（图 1-17）。

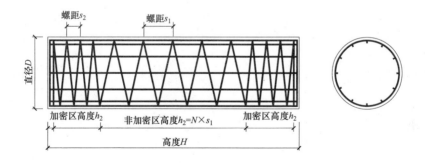

图 1-17　二种间距螺旋箍筋

$$上（下）水平圆一圈半展开长度 = 1.5×\pi×(D-2×c+d)$$

$$螺旋箍筋展开长度 = h_1/s_1×\sqrt{[\pi×(D-2×c+d)]^2+s_1^2}+$$

$$2×h_2/s_2×\sqrt{[\pi×(D-2×c+d)]^2+s_2^2}$$

$$弯钩长度 = 2×11.9d$$

$$螺旋箍筋总长度 = 3×\pi×(D-2×c+d)+h_1/s_1×\sqrt{[\pi×(D-2×c+d)]^2+s_1^2}+$$

$$2×h_2/s_2×\sqrt{[\pi×(D-2×c+d)]^2+s_2^2}+2×11.9d \quad (1-16)$$

式中　D——柱或桩的直径，mm；

　　　H——柱或桩的高度，mm；

h_1——非加密区高度，mm；

h_2——加密区高度，mm；

s——螺旋箍筋的间距，mm；

d——螺旋箍筋的直径，mm；

c——柱或桩的保护层厚度，mm。

2 柱钢筋翻样与下料

柱是指工程结构中主要承受压力，有时也同时承受弯矩的竖向杆件，用以支承梁、桁架、楼板等。

柱按其所处位置可分为角柱、中柱和边柱，角柱、中柱和边柱，分别又有顶层、中层和底层之分。再从抗震设防角度来分，柱又可分为一级抗震框架柱、二级抗震框架柱、三级抗震框架柱和四级抗震框架柱四类。

2.1 柱构件平法识图

1. 柱平法施工图有哪些表示方法？

柱的平法施工图可用列表注写或截面注写两种方式表达。

柱平面布置图的主要功能是表达竖向构件（柱或剪力墙），可采用适当比例单独绘制，当主体结构为框架—剪力墙结构时，通常与剪力墙平面布置图合并绘制（剪力墙结构施工图制图规则见本书第3章）。所谓"适当比例"是指一种或两种比例。两种比例是指柱轴网布置采用一种比例，柱截面轮廓在原位采用另一种比例适当放大绘制的方法，如图2-1所示。

在柱平法施工图中，应注明各结构层的楼面标高、结构层高及相应的结构层号表，便于将注写的柱段高度与该表对照，明确各柱在整个结构中的竖向定位，除此之外，尚应注明上部结构嵌固部位位置。一般情况下，柱平法施工图中标注的尺寸以毫米（mm）为单位，标高以米（m）为单位。

结构层楼面标高和结构层高表如图2-2所示。

2. 柱的列表注写包括哪些内容？

列表注写方式是指在柱平面布置图上（一般只需采用适当比例绘制一张柱平面布置图，包括框架柱、框支柱、梁上柱和剪力墙上柱），分别在同一编号的柱中选择一个（有时需要选择几个）截面标注几何参数代号；在柱表中注写柱编号、柱段起止标高、几何尺寸（含柱截面对轴线的偏心情况）与配筋的具体数值，并配以各种柱截面形状及其箍筋类型图的方式，来表达柱平法施工图，如图2-3所示。

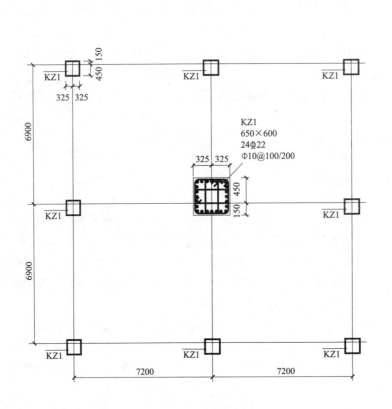

图 2-1　两种比例绘制的柱平面布置图

层　号	标高/m	层高/m
屋面2	65.670	
塔层2	62.370	3.30
屋面1 (塔层1)	59.070	3.30
16	55.470	3.60
15	51.870	3.60
14	48.270	3.60
13	44.670	3.60
12	41.070	3.60
11	37.470	3.60
10	33.870	3.60
9	30.270	3.60
8	26.670	3.60
7	23.070	3.60
6	19.470	3.60
5	15.870	3.60
4	12.270	3.60
3	8.670	3.60
2	4.470	4.20
1	-0.030	4.50
-1	-4.530	4.50
-2	-9.030	4.50

结构层楼面标高
结　构　层　高

上部结构嵌固部位:
-4.530

图 2-2　结构层楼面
标高和结构层高表

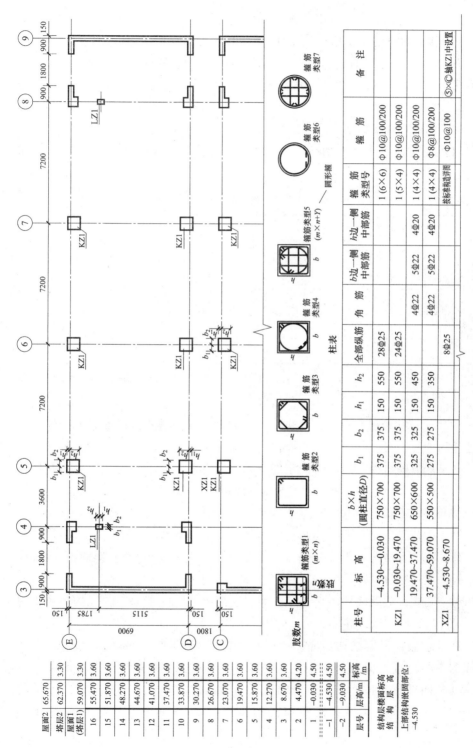

图 2-3　柱平法施工图列表注写方式示例

由图 2-3 可以看出，柱平法施工图列表注写方式主要包括以下几个组成部分：平面图（明确定位轴线、柱的代号、形状及轴线的关系）、柱截面图类型（柱的截面形状为矩形时，与轴线的关系分为偏轴线、柱的中心线与轴线重合两种形式）、箍筋类型图（重点表示箍筋的形状特征）、柱表、结构层楼面标高结构层高表。

柱表的内容规定如下：

（1）注写柱编号。柱编号由类型代号和序号组成，应符合表 2-1 的规定。

表 2-1　　　　　　　　　　　柱　编　号

柱类型	代　号	序　号
框架柱	KZ	××
转换柱	ZHZ	××
芯柱	XZ	××
梁上柱	LZ	××
剪力墙上柱	QZ	××

注：编号时，当柱的总高、分段截面尺寸和配筋均应对应相同，仅截面与轴线的关系不同时，仍可将其编为同一柱号，但应在图中注明截面轴线的关系。

（2）注写柱段起止标高，自柱根部往上以变截面位置或截面未变但配筋改变处为界分段注写。框架柱和转换柱的根部标高是指基础顶面标高；芯柱的根部标高是指根据结构实际需要而定的起始位置标高；梁上柱的根部标高是指梁顶面标高；剪力墙上柱的根部标高为墙顶面标高。

（3）注写截面几何尺寸。对于矩形柱，截面尺寸用 $b×h$ 表示，通常，$b×h$ 及与轴线关系的几何参数代号 b_1、b_2 和 h_1、h_2 的具体数值，需对应于各段柱分别注写。其中 $b=b_1+b_2$，$h=h_1+h_2$。当截面的某一边收缩变化至与轴线重合或偏到轴线的另一侧时，b_1、b_2、h_1、h_2 中的某项为零或为负值。

对于圆柱，截面尺寸用 d 表示。为表达简单，圆柱截面与轴线的关系也用 b_1、b_2 和 h_1、h_2 表示，并使 $d=b_1+b_2=h_1+h_2$。

对于芯柱，根据结构需要，可以在某些框架柱的一定高度范围内，在其内部的中心位置设置（分别引注其柱编号）。芯柱中心应与柱中心重合，并标注其截面尺寸，按标准构造详图施工；当设计者采用与本构造详图不同的做法时，应另行注明。芯柱定位随框架柱，不需要注写其与轴线的几何关系。

（4）注写柱纵筋。当柱纵筋直径相同，各边根数也相同时（包括矩形柱、圆柱和芯柱），可将纵筋注写在"全部纵筋"一栏中；除此之外，柱纵筋分角筋、截面 b 边中部筋和 h 边中部筋三项分别注写（对于采用对称配筋的矩形截面柱，可仅注写一侧中部筋，对称边省略不注；对于采用非对称配筋的矩形截面柱，必须每侧均注写中部筋）。

（5）在箍筋类型栏内注写箍筋的类型号与肢数。具体工程所设计的各种箍筋类型图以及箍筋复合的具体方式，需画在表的上部或图中的适当位置，并在其上标注与表中相对应的 b、h 和类型号。常见箍筋类型号所对应的箍筋形状如图 2-4 所示。

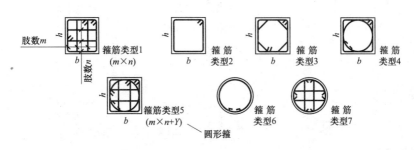

图 2-4　箍筋类型号及所对应的箍筋形状

确定箍筋肢数时要满足对柱纵筋"隔一拉一"以及箍筋肢距的要求。

（6）注写柱箍筋，包括箍筋级别、直径与间距。用斜线"/"区分柱端箍筋加密区与柱身非加密区长度范围内箍筋的不同间距。施工人员需根据标准构造详图的规定，在规定的几种长度值中取其最大者作为加密区长度。当框架节点核心区内箍筋与柱端箍筋设置不同时，应在括号中注明核心区箍筋直径及间距。

当箍筋沿柱全高为一种间距时，则不使用"/"线。

当圆柱采用螺旋箍筋时，需在箍筋前加"L"。

3. 柱的截面注写包括哪些内容？

截面注写方式是在柱平面布置图的柱截面上，分别在同一编号的柱中选择一个截面，以直接注写截面尺寸和配筋具体数值的方式来表达柱平法施工图。

柱截面注写方式如图 2-5 所示。

截面注写方式中，若某柱带有芯柱，则直接在截面注写中，注写芯柱编号及起止标高如图 2-6 所示。

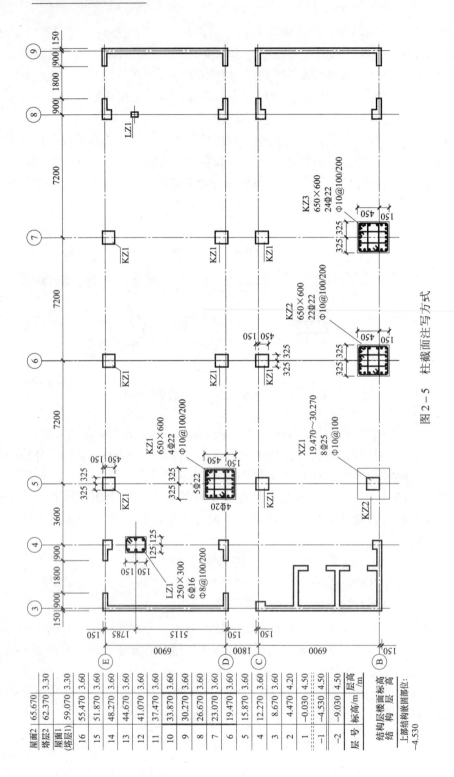

图 2-5 柱截面注写方式

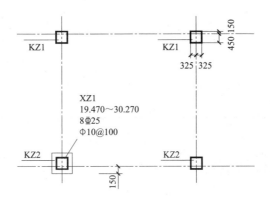

图 2-6　截面注写方式的芯柱表达

对除芯柱之外的所有柱截面进行编号，从相同编号的柱中选择一个截面，按另一种比例原位放大绘制柱截面配筋图，并在各配筋图上继其编号后再注写截面尺寸 b×h、角筋或全部纵筋（当纵筋采用一种直径且能够图示清楚时）、箍筋的具体数值，以及在柱截面配筋图上标注柱截面与轴线关系 b_1、b_2、h_1、h_2 的具体数值。

当纵筋采用两种直径时，需再注写截面各边中部筋的具体数值（对于采用对称配筋的矩形截面柱，可仅在一侧注写中部筋，对称边省略不注）。

当在某些框架柱的一定高度范围内，在其内部的中心位设置芯柱时，首先按照表 2-1 的规定进行编号，继其编号之后注写芯柱的起止标高、全部纵筋及箍筋的具体数值，芯柱截面尺寸按构造确定，并按标准构造详图施工，设计不注；当设计者采用与本构造详图不同的做法时，应另行注明。芯柱定位随框架柱，不需要注写其与轴线的几何关系。

在截面注写方式中，如柱的分段截面尺寸和配筋均相同，仅截面与轴线的关系不同时，可将其编为同一柱号。但此时应在未画配筋的柱截面上注写该柱截面与轴线关系的具体尺寸。

采用截面注写方式绘制柱平法施工图，可按单根柱标准层分别绘制，也可将多个标准层合并绘制。当单根柱标准层分别绘制时，柱平法施工图的图纸数量和柱标准层的数量相等；当将多个标准层合并绘制时，柱平法施工图的图纸数量更少，也更便于施工人员对结构形成整体概念。

4. 柱的列表注写和截面注写有哪些区别？

柱的列表方式与截面注写方式的区别见表 2-2。从表 2-2 中可以看出，截面注写方式不再单独注写箍筋类型图和柱列表，而是用直接在柱平面图上的截面注写，包括列表注写中箍筋类型图及柱列表的内容。

表 2-2   柱的列表注写方式与截面注写方式的区别

项目	列表注写方式	截面注写方式
1	柱平面图	柱平面图+截面注写
2	层高与标高表	层高与标高表
3	箍筋类型图	—
4	柱列表	

2.2　柱钢筋翻样与下料

1. 框架柱纵向钢筋有哪些连接方式？

框架柱纵筋可采用绑扎搭接、机械连接和焊接连接的三种连接方式，如图 2-7 所示，但当某层连接区的高度小于纵筋分两批搭接所需要的高度时，应改用机械连接或焊接连接，因此，绑扎搭接在实际工程应用中不常见，所以我们着重介绍柱纵筋的机械连接和焊接连接。

（1）柱纵筋的非连接区心。"非连接区"，就是柱纵筋不允许在这个区域之内进行连接。

1）嵌固部位以上有一个"非连接区"，其长度为 $H_n/3$（H_n 为从嵌固部位到顶板梁底的柱的净高）。

2）楼层梁上下部为的范围形成一个"非连接区"，其长度包括三个部分：梁底以下部分、梁中部分和梁顶以上部分。

a. 梁底以下部分的非连接区长度大于或等于 max（$H_n/6$，h_c，500mm）（H_n 为所在楼层的柱净高；h_c 为柱截面长边尺寸，圆柱为截面直径）。

b. 梁中部分的非连接区长度等于梁的截面高度。

c. 梁顶以上部分的非连接区长度大于或等于 max（$H_n/6$，h_c，500mm）（H_n 为上一楼层的柱净高；h_c 为柱截面长边尺寸，圆柱为截面直径）。

（2）柱相邻纵向钢筋连接接头要相互错开。柱相邻纵向钢筋连接接头相互错开，在同一截面内钢筋接头面积百分率不应大于 50%。

柱纵向钢筋连接接头相互错开距离：

1）机械连接接头错开距离大于或等于 35d。

2）焊接连接接头错开距离大于或等于 35d 且大于或等于 500mm。

3）绑扎搭接长度 l_{lE}（l_{lE} 是绑扎搭接长度），接头错开的静距离大于或等于 0.3l_{lE}。

2. 什么是嵌固部位？

"嵌固部位"就是上部结构嵌固部位。

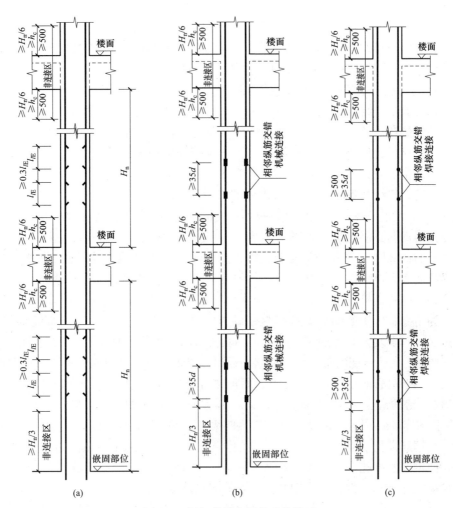

图 2-7　框架柱纵向钢筋连接构造

（a）绑扎搭接；（b）机械连接；（c）焊接连接

上部结构嵌固部位的注写：

（1）框架柱嵌固部位在基础顶面上，无需注明。

（2）框架柱嵌固部位不在基础顶面时，在层高表嵌固部位标高下使用双细线注明，并在层高表下注明上部结构嵌固部位标高。

（3）框架柱嵌固部位不在地下室顶板，但仍需考虑地下室顶板对上部结构实际存在嵌固作用时，可在层高表地下室顶板标高下使用双虚线注明，此时首层柱端箍筋加密区长度范围及纵筋连接位置均按嵌固部位要求设置。

3. 机械连接和焊接连接的接头错开距离能统一计算吗？

机械连接和焊接连接的接头错开距离可以统一为"35d"。这是因为当 d =

14mm 时，$35d = 35 \times 14\text{mm} = 490\text{mm}$。这就说明当柱纵筋直径大于 14mm 时，max（$35d$，500）$= 35d$。而框架柱的纵筋直径一般都大于 14mm，所以按"$35d$"来统一机械连接和焊接连接的接头错开距离是可行的。

4. 为什么一般不采用绑扎搭接连接方式？

钢筋混凝土结构是钢筋和混凝土的对立统一体。钢筋的优势在于抗拉，混凝土的优势在于抗压，钢筋混凝土构件就是把它们有机地统一起来，充分发挥了这两种材料的优势。而钢筋混凝土结构维持安全和可靠的条件是：把钢筋用在适当的位置，并且让混凝土 360° 包裹每一根钢筋。

但是，传统的钢筋绑扎搭接是把两根钢筋并排地紧靠在一起，再用绑丝（细铁丝）绑扎起来。这根细铁丝是不可能固定这两根搭接的钢筋的。固定这两根搭接的钢筋要靠包裹它们的混凝土。但是，这两根紧靠在一起的钢筋，每根钢筋只有约 270° 的周长被混凝土包围，所以达不到 360° 周边被混凝土包裹的要求，从而大大地降低了混凝土构件的强度。许多力学实验表明，构件的破坏点就在钢筋绑扎搭接连接点上。即使增大绑扎搭接的长度，也无济于事。

为了克服传统的钢筋绑扎搭接的缺点，最近提出了"有净距的绑扎搭接"的做法，对于改善混凝土 360° 包裹钢筋有所帮助，但是却加大了施工的难度。

同时，无论传统的钢筋绑扎搭接，还是改进的钢筋绑扎搭接，都不可避免地造成"两根钢筋轴心错位"的事实，而且"有净距的绑扎搭接"的做法还使得两根钢筋轴心的错位更大。这将会降低钢筋在混凝土构件中的力学作用。但是，如果采用机械连接和对焊连接，将保证被连接的两根钢筋轴心相对一致。

在钢筋绑扎搭接不可靠和不安全的同时，钢筋绑扎搭接又是不经济的。纵向受拉钢筋的绑扎搭接长度 l_{lE} 见表 2-3。以 Φ25 钢筋（混凝土强度等级 C30，二级抗震等级）为例，一个钢筋搭接点的绑扎搭接长度 l_{lE} 为

$$l_{lE} = 48d = 48 \times 25\text{mm} = 1200\text{mm}$$

由此可见，一根钢筋的一个绑扎搭接连接点要多用 1 米多长的钢筋，而一个建筑有多少个楼层、每个楼层又有多少根钢筋呢？这样计算起来，绑扎搭接引起的钢筋浪费数量是惊人的。

钢筋绑扎搭接既浪费材料，又达不到质量和安全的要求，所以不少正规的施工企业都对钢筋绑扎搭接加以限制。例如，有的施工企业在工程的施工组织设计中明确规定，当钢筋直径在 14mm 以下时才使用绑扎搭接，而当钢筋直径在 14mm 以上时使用机械连接或对焊连接。

5. 上柱钢筋与下柱钢筋存在差异时框架柱纵向钢筋连接构造有何区别？

（1）上柱钢筋比下柱多。当上柱钢筋比下柱多时，上柱多出的钢筋锚入下柱（楼面以下）$1.2l_{aE}$，如图 2-8 所示（计算 l_{aE} 的数值时，按上柱的钢筋直径计算）。

表2-3　纵向受拉钢筋抗震搭接长度 l_{lE}

抗震等级	钢筋种类	搭接百分率	C20 d≤25	C25 d≤25	C25 d>25	C30 d≤25	C30 d>25	C35 d≤25	C35 d>25	C40 d≤25	C40 d>25	C45 d≤25	C45 d>25	C50 d≤25	C50 d>25	C55 d≤25	C55 d>25	≥C60 d≤25	≥C60 d>25
一、二级抗震等级	HPB300	≤25%	54d	47d	—	42d	—	38d	—	35d	—	34d	—	31d	—	30d	—	29d	—
		50%	63d	55d	—	49d	—	45d	—	41d	—	39d	—	36d	—	35d	—	34d	—
	HRB335	≤25%	53d	46d	—	40d	—	37d	—	35d	—	31d	—	30d	—	29d	—	29d	—
		50%	62d	53d	—	46d	—	43d	—	41d	—	36d	—	35d	—	34d	—	34d	—
	HRB400 HRBF400	≤25%	—	55d	61d	48d	54d	44d	48d	40d	44d	38d	43d	37d	42d	36d	40d	35d	38d
		50%	—	64d	71d	56d	63d	52d	56d	46d	52d	45d	50d	43d	49d	42d	46d	41d	45d
	HRB500 HRBF500	≤25%	—	66d	73d	59d	65d	54d	59d	49d	55d	47d	52d	44d	48d	43d	47d	42d	46d
		50%	—	77d	85d	69d	76d	63d	69d	57d	64d	55d	60d	52d	56d	50d	55d	49d	53d
三级抗震等级	HPB300	≤25%	49d	43d	—	38d	—	35d	—	31d	—	30d	—	29d	—	28d	—	26d	—
		50%	57d	50d	—	45d	—	41d	—	36d	—	25d	—	34d	—	32d	—	31d	—
	HRB335	≤25%	48d	42d	—	36d	—	34d	—	31d	—	29d	—	28d	—	26d	—	26d	—
		50%	56d	49d	—	42d	—	39d	—	36d	—	34d	—	32d	—	31d	—	31d	—
	HRB400 HRBF400	≤25%	—	50d	55d	44d	49d	41d	44d	36d	41d	35d	40d	34d	38d	32d	36d	31d	35d
		50%	—	59d	64d	52d	57d	48d	52d	42d	48d	41d	46d	39d	45d	38d	42d	36d	41d

续表

钢筋种类		混凝土强度等级															
		C20	C25		C30		C35		C40		C45		C50		C55		≥C60
		d≤25	d≤25	d>25	d≤25	d>25	d≤25	d>25	d≤25	d>25	d≤25	d>25	d≤25	d>25	d≤25	d>25	d≤25	d>25
HRB500 HRBF500 三级抗震等级	≤25%	—	60d	67d	54d	59d	49d	54d	46d	50d	43d	47d	41d	44d	40d	43d	38d	42d
	50%	—	70d	78d	63d	69d	57d	63d	53d	59d	50d	55d	48d	52d	46d	50d	45d	49d

注：1. 表中数值为纵向受拉钢筋绑扎搭接接头的搭接长度。

2. 两根不同直径钢筋搭接时，表中 d 取较细钢筋直径。

3. 当为环氧树脂涂层带肋钢筋搭接时，表中数据尚应乘以 1.25。

4. 当纵向受拉钢筋在施工过程中易受扰动时，表中数据尚应乘以 1.1。

5. 当搭接长度范围内纵向受力钢筋周边保护层厚度为 3d、5d（d 为搭接钢筋的直径）时，表中数据可分别乘以 0.8、0.7；中间时按内插值。

6. 当上述修正系数（注3~注5）多于一项时，可按连乘计算。

7. 位于同一连接区段内的钢筋搭接接头百分率为100%时，$l_{lE} = 1.6l_{aE}$。

8. 当位于同一连接区段内的钢筋搭接接头百分率为表中数据中间值时，搭接长度可按内插取值。

9. 任何情况下，搭接长度不应小于 300mm。

10. 四级抗震等级时，$l_{lE} = l_l$。

11. HPB300 级钢筋末端应做 180°弯钩，做法详见下图。

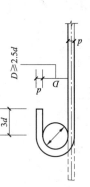

光圆钢筋末端180°弯钩

（2）下柱钢筋比上柱多。当下柱钢筋比上柱多时，下柱多出的钢筋伸入楼层梁，从梁底算起伸入楼层梁的长度为 $1.2l_{aE}$，如图 2-9 所示。如果楼层梁的截面高度小于 $1.2l_{aE}$，则下柱多出的钢筋可能伸出楼面以上（计算 l_{aE} 的数值时，按下柱的钢筋直径计算）。

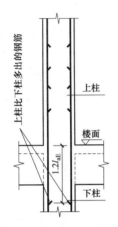

图 2-8 上柱钢筋比下柱多

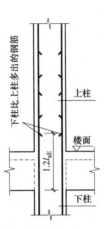

图 2-9 下柱钢筋比上柱多

（3）柱钢筋直径比下柱大。当上柱钢筋直径比下柱大时，上下柱纵筋的连接不在楼面以上连接，而改在下柱内进行连接，如图 2-10 所示。

（4）下柱钢筋直径比上柱大。当下柱钢筋直径比上柱大时，上下柱纵筋的连接不在楼层梁以下连接，而改在上柱内进行连接，如图 2-11 所示。

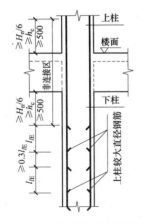

图 2-10 上柱钢筋直径比下柱大

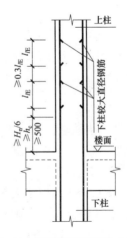

图 2-11 下柱钢筋直径比上柱大

6. 框架柱边柱和角柱柱顶纵向钢筋构造有哪些做法?

框架柱边柱和角柱柱顶纵向钢筋构造有五个节点构造，如图 2-12 所示。

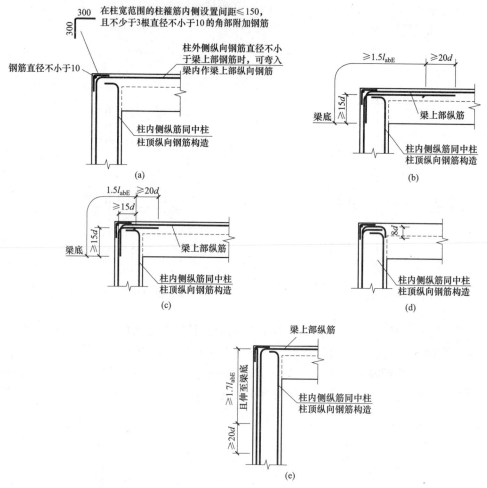

图 2-12 框架柱边柱和角柱柱顶纵向钢筋构造
（a）节点①；（b）节点②；（c）节点③；（d）节点④；（e）节点⑤

（1）节点①构造。在柱宽范围的柱箍筋内侧设置间距不大于150mm，且不少于3根直径不小于10的角部附加钢筋。

（2）节点②构造。

1）边柱外侧伸入顶梁大于或等于 $1.5l_{abE}$，与梁上部纵筋搭接。

2）当柱外侧纵向钢筋配筋率大于 1.2% 时，柱外侧柱纵筋伸入顶梁 $1.5l_{abE}$ 后，分两批截断，断点距离大于或等于 20d。

（3）节点③构造。当柱外侧纵向钢筋配筋率大于 1.2% 时，柱外侧柱纵筋伸

入顶梁 $1.5l_{abE}$ 后，分两批截断，断点距离大于或等于 $20d$。

（4）节点④构造。

1）柱顶第一层钢筋伸至柱内边向下弯折 $8d$。

2）柱顶第二层钢筋伸至柱内边。

（5）节点⑤构造。

当梁上部纵筋配筋率大于 1.2% 时，梁上部纵筋伸入边柱 $1.7l_{abE}$（且伸至梁底）后，分两批截断，断点距离大于或等于 $20d$。当梁上部纵筋为两排时，先断第二排钢筋。

节点①、②、③、④应配合使用，节点④不应单独使用（仅用于未伸入梁内的柱外侧纵筋锚固），伸入梁内的柱外侧纵筋不宜少于柱外侧全部纵筋面积的65%。可选择②+④或③+④或①+②+④或①+③+④的做法。节点⑤用于梁、柱纵向钢筋接头沿节点柱外侧直线布置的情况，可与节点①组合使用。

7. 在实际工程中如何能做到节点④"不宜少于柱外侧全部纵筋面积的65%"的构造要求？

单独使用节点④构造是不被允许的，原因就是不能做到"不宜少于柱外侧全部纵筋面积的65%"的构造要求，此时可采用节点②+④组合的方式来解决这个问题，做法就是：全部柱外侧纵筋伸入现浇梁及板内，即能伸入现浇梁的柱外侧纵筋伸入梁内，不能伸入现浇梁的柱外侧纵筋伸入现浇板内。这样就能保证"不宜少于柱外侧全部纵筋面积的65%"的要求了。

8. 框架柱中柱柱顶纵向钢筋构造有哪些做法？

框架柱中柱顶纵向钢筋有四个节点构造，如图 2-13 所示。

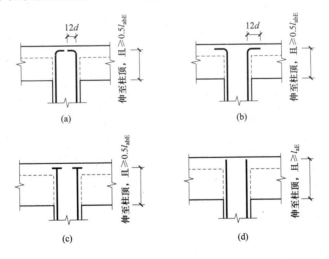

图 2-13　框架柱中柱柱顶纵向钢筋构造

（a）节点①；（b）节点②；（c）节点③；（d）节点④

（1）节点①构造（首选方案）。当柱纵筋直锚长度小于 l_{abE} 时，柱纵筋伸至柱顶后向内弯折 12d，但必须保证柱纵筋伸入梁内的长度大于或等于 0.5l_{abE}。

（2）节点②构造。当柱纵筋直锚长度小于 l_{abE}，且柱顶有不小于 100mm 厚的现浇板时，柱纵筋伸至柱顶后向外弯折 12d，但必须保证柱纵筋伸入梁内的长度大于或等于 0.5l_{abE}。

（3）节点③构造。当柱纵筋直锚长度大于或等于 0.5l_{abE} 时，柱纵筋伸至梁顶后，端头加锚头（锚板）。

（4）节点④构造。当柱纵筋直锚长度大于或等于 l_{aE} 时，可以直锚伸至柱顶。

9. 框架柱变截面位置纵向钢筋构造有哪些做法?

框架柱变截面位置纵向钢筋构造如图 2-14 所示。

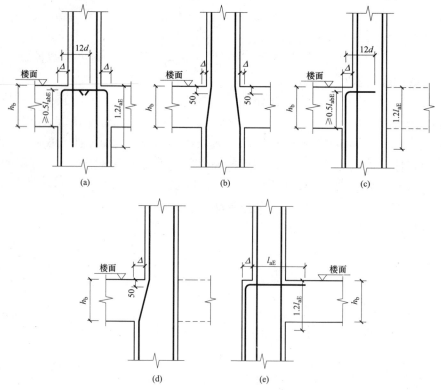

图 2-14　框架柱变截面位置纵向钢筋构造

（a）$\Delta/h_b>1/6$；（b）$\Delta/h_b\leqslant1/6$；（c）$\Delta/h_b>1/6$；（d）$\Delta/h_b\leqslant1/6$；（e）外侧错台

仔细看这五个图，我们可以发现，根据错台的位置及斜率比的大小，我们可以得出框架柱变截面处的纵筋构造要点，其中 Δ 为上下柱同向侧面错台的宽度，h_b 为框架梁的截面高度。

（1）变截面的错台在内侧。变截面的错台在内侧时，可分为两种情况：

1）$\Delta / h_b > 1/6$。图 2-14（a）、图 2-14（c）：下层柱纵筋断开，上层柱纵筋伸入下层；下层柱纵筋伸至该层顶 $12d$；上层柱纵筋伸入下层 $1.2l_{aE}$。

2）$\Delta / h_b \leqslant 1/6$。图 2-14（b）、图 2-14（d）：下层柱纵筋斜弯连续伸入上层，不断开。

（2）变截面的错台在外侧。变截面的错台在外侧时，构造如图 2-14（e）所示，端柱处变截面，下层柱纵筋断开，伸至梁顶后弯锚进框架梁内，弯折长度为 $\Delta + l_{aE}$-纵筋保护层，上层柱纵筋伸入下层 $1.2l_{aE}$。

10. 剪力墙上柱纵向钢筋构造是怎样的?

剪力墙上柱是一种结构转换层，即其上层为柱，其下层为剪力墙，它与下层剪力墙有两种锚固构造，如图 2-15 所示。

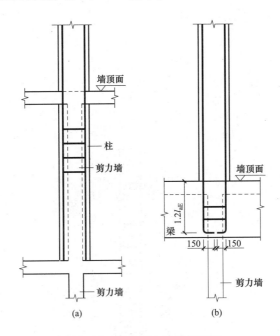

图 2-15 剪力墙上柱纵筋构造

（1）柱与墙重叠一层。如图 2-15（a）所示，就是把上层框架柱的全部纵筋向下伸至下层剪力墙的楼面上，也就是与下层剪力墙重叠一个楼层。在墙顶面标高以下锚固范围内的柱箍筋按上柱非加密区箍筋要求设置。

（2）柱纵筋锚固在墙顶部。如图 2-15（b）所示，与"柱与墙重叠一层"构造不同，不是与下层剪力墙重叠一个楼层，而是把上柱纵筋锚入下一层的框架梁内，其直锚长度为 $1.2l_{aE}$，弯直钩 150mm。

11. 梁上柱纵向钢筋构造是怎样的?

梁上柱不是框架柱,它是以梁作为它的"基础",构造如图 2-16 所示,其构造要点:梁上柱纵筋伸至梁底并弯直钩 15d,要求锚固垂直段长度伸至梁底且大于或等于 20d,大于或等于 $0.6l_{abE}$;柱插筋在梁内的部分只需设置两道柱箍筋(其作用是固定柱箍筋)。

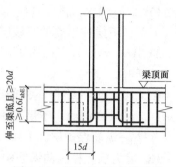

图 2-16 梁上柱 LZ 纵筋构造

12. 框架柱、剪力墙上柱、梁上柱的箍筋加密区范围是如何规定的?

框架柱、剪力墙上柱、梁上柱的箍筋加密区即"框架柱纵向钢筋构造的非连接区",如图 2-17 所示。

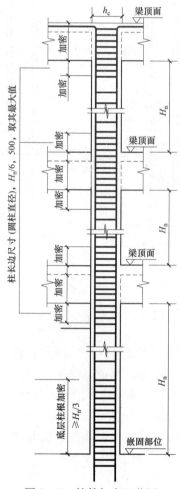

图 2-17 箍筋加密区范围

箍筋加密区范围包括以下几项：

（1）底层柱根加密区：≥$H_n/3$（H_n是从基础顶面到顶板梁底柱的净高）。

（2）楼板梁上下部位的箍筋加密区：

1）梁底以下部分：≥max（$H_n/6$，h_c，500mm）（H_n是当前楼层的柱净高；h_c为柱截面长边尺寸，圆柱为截面直径）。

2）楼板顶面以上部分：≥max（$H_n/6$，h_c，500mm）（H_n是上一层的柱净高；h_c为柱截面长边尺寸，圆柱为截面直径）。

3）再加上一个梁截面高度。

（3）箍筋加密区直到柱顶。另外，关于底层刚性地面上下的箍筋加密区构造，如图2-18所示。

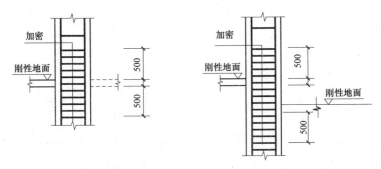

图2-18 底层刚性地面上下的箍筋加密构造

16G101-1图集中给出这样一句话"底层刚性地面上下各加密500"，这种构造只适用于没有地下室或架空层的建筑，因为有地下室的情况下，底层（即一层）只能称之为"楼面"而非"地面"。除此之外，若"地面"的标高（±0.00）落在基础顶面$H_n/3$的范围内，则这个上下500的加密区就与的$H_n/3$加密区重合了，这两种箍筋加密区不必重复设置。

13. 为什么柱复合箍筋不能采用"大箍套中箍，中箍再套小箍"及"等箍互套"的形式？

柱复合箍筋的做法，在柱子的四个侧面上，任何一个侧面上只有两根并排重合的一小段箍筋，这样可以基本保证混凝土对每根箍筋不小于270°的包裹，这对保证混凝土对钢筋的有效粘结至关重要。

如果把"等箍互套"用于外箍上，就破坏了外箍的封闭性，这是很危险的；如果把"等箍互套"用于内箍上，就会造成外箍与互套的两段内箍有三段钢筋并排重叠在一起，影响了混凝土对每段钢筋的包裹，这是不允许的，而且还多用了钢筋。

如果采用"大箍套中箍、中箍再套小箍"的做法，柱侧面并排的箍筋重叠就会达到三根、四根甚至更多，这更影响了混凝土对每段钢筋的包裹，而且还浪费更多的钢筋。所以，"大箍套中箍、中箍再套小箍"的做法是最不可取的做法。

14. 顶层中柱钢筋如何下料？

（1）直锚长度小于 l_{aE}，中柱弯折 $12d$。此时，顶层中柱钢筋构造如图 2-19 所示。c 为梁保护层厚度，l_1 为钢筋竖直段长度，l_2 为钢筋水平段长度，如图 2-20 所示，则有如下计算：

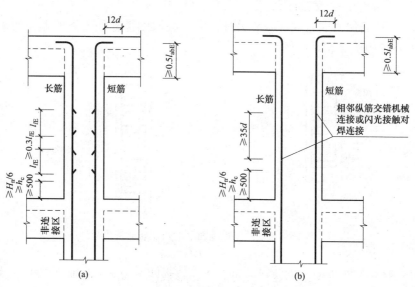

图 2-19 顶层中柱钢筋构造（直锚长度 $<l_{aE}$）

（a）绑扎搭接；（b）机械连接（或焊接连接）

1）绑扎搭接。

长筋：
$$l_1 = H_n - \max(H_n/6, h_c, 500\text{mm}) + 0.5l_{abE}$$
$$(2-1)$$

短筋：
$$l_1 = H_n - \max(H_n/6, h_c, 500\text{mm}) - 1.3l_{lE} + 0.5l_{abE}$$
$$(2-2)$$

2）机械连接（或焊接连接）。

长筋：
$$l_1 = H_n - \max(H_n/6, h_c, 500\text{mm}) + 0.5l_{abE}$$
$$(2-3)$$

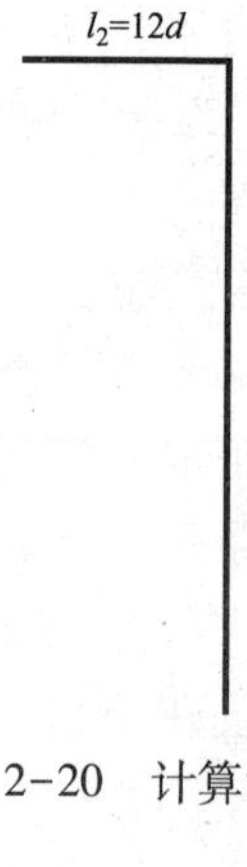

图 2-20 计算简图

短筋：

$$l_1 = H_n - \max(H_n/6, h_c, 500\text{mm}) - \max(500\text{mm}, 35d) + 0.5l_{abE} \qquad (2\text{-}4)$$

3) 下料长度。

$$l = l_1 + l_2 - 90°差值 \qquad (2\text{-}5)$$

（2）直锚长度大于或等于 l_{aE}，中柱直锚。此时，顶层中柱钢筋构造如图 2-21 所示。

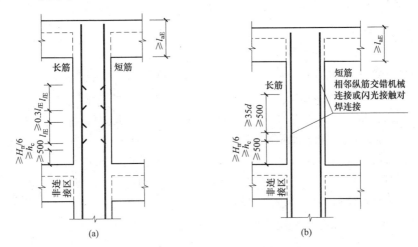

图 2-21 顶层中间框架柱构造（直锚长度 ≥ l_{aE}）

（a）绑扎搭接；（b）机械连接（或焊接连接）

1) 绑扎搭接。

长筋：

$$l_1 = H_n - \max(H_n/6, h_c, 500\text{mm}) + l_{aE} \qquad (2\text{-}6)$$

短筋：

$$l_1 = H_n - \max(H_n/6, h_c, 500\text{mm}) - 1.3l_{lE} + l_{aE} \qquad (2\text{-}7)$$

2) 机械连接（或焊接连接）。

长筋：

$$l_1 = H_n - \max(H_n/6, h_c, 500\text{mm}) + l_{aE} \qquad (2\text{-}8)$$

短筋：

$$l_1 = H_n - \max(H_n/6, h_c, 500\text{mm}) - \max(500\text{mm}, 35d) + l_{aE} \qquad (2\text{-}9)$$

3) 下料长度。

$$l = l_1 + l_2 \qquad (2\text{-}10)$$

此时无需弯折，则 $l_2 = 0$，因而 $l = l_1$。

【例2-1】 三级抗震楼层中柱，钢筋直径 $d = 20\text{mm}$，混凝土强度等级为 C30，梁高 700mm，梁保护层厚度为 25mm，柱净高 2600mm，柱宽 400mm。试求：顶

层中柱钢筋的长筋 l_1、短筋 l_1 和水平段的钢筋 l_2 的下料尺寸。

【解】长筋 l_1＝层高－max（柱净高/6，柱宽，500mm）－梁保护层

$\qquad$＝2600mm＋700mm－max（2600mm/6，400mm，500mm）－25mm

$\qquad$＝2775mm

$\quad$短筋 l_1＝层高－max（柱净高/6，柱宽，500）－max（35d，500mm）－梁保护层

$\qquad$＝2600mm＋700mm－max（2600mm/6，400mm，500mm）－max（700mm，

$\qquad$500mm）－25mm

$\qquad$＝2075mm

$$梁高－梁保护层＝700mm－25mm＝675mm$$

三级抗震，d＝20mm，混凝土强度等级为 C30 时，l_{aE}＝32d＝640mm。

因为梁高－梁保护层≥l_{aE}，所以 l_2＝0，则无需弯有水平段的钢筋 l_2。

因此，长筋 l_1、短筋 l_1 的下料长度分别等于自身长度。

15. 顶层边角柱钢筋如何下料？

以顶层边角柱中节点 D 构造为例，讲解顶层边柱钢筋翻样方法。

（1）绑扎搭接。当采用绑扎搭接接头时，顶层边角柱节点 D 构造如图 2-22 所示，计算简图如图 2-23 所示。

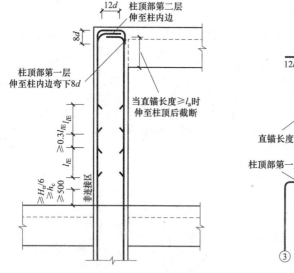

图 2-22　顶层边角柱节点 D 构造（绑扎搭接）

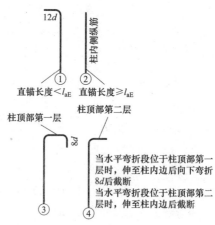

图 2-23　计算简图

1）①号钢筋（柱内侧纵筋）——直锚长度<l_{aE}。

长筋：

$$l＝H_n－梁保护层厚度－max（H_n/6，h_c，500mm）＋12d \qquad (2-11)$$

$$下料长度＝l－90°差值 \qquad (2-12)$$

短筋：
$$l=H_n-梁保护层厚度-\max(H_n/6,h_c,500\text{mm})-1.3l_{lE}+12d \quad (2-13)$$
$$下料长度=l-90°差值 \quad (2-14)$$

2）②号钢筋（柱内侧纵筋）——直锚长度$\geqslant l_{aE}$。

长筋：
$$l=H_n-梁保护层厚度-\max(H_n/6,h_c,500\text{mm}) \quad (2-15)$$
$$下料长度=l \quad (2-16)$$

短筋：
$$l=H_n-梁保护层厚度-\max(H_n/6,h_c,500\text{mm})-1.3l_{lE} \quad (2-17)$$
$$下料长度=l \quad (2-18)$$

3）③号钢筋（柱顶第一层钢筋）。

长筋：
$$l=H_n-梁保护层厚度-\max(H_n/6,h_c,500\text{mm})+柱宽-2\times$$
$$柱保护层厚度+8d \quad (2-19)$$
$$下料长度=l-2\times90°差值 \quad (2-20)$$

短筋：
$$l=H_n-梁保护层厚度-\max(H_n/6,h_c,500\text{mm})-1.3l_{lE}+$$
$$柱宽-2\times柱保护层厚度+8d \quad (2-21)$$
$$下料长度=l-2\times90°差值 \quad (2-22)$$

4）④号钢筋（柱顶第二层钢筋）。

长筋：
$$l=H_n-梁保护层厚度-\max(H_n/6,h_c,500\text{mm})+柱宽-2\times柱保护层厚度$$
$$(2-23)$$
$$下料长度=l-90°差值 \quad (2-24)$$

短筋：
$$l=H_n-梁保护层厚度-\max(H_n/6,h_c,500\text{mm})-$$
$$1.3l_{lE}+柱宽-2\times柱保护层厚度 \quad (2-25)$$
$$下料长度=l-90°差值 \quad (2-26)$$

（2）机械连接或焊接连接。当采用机械连接或焊接连接接头时，顶层边角柱节点 D 构造如图 2-24 所示，计算简图如图 2-25 所示。

1）①号钢筋（柱内侧纵筋）——直锚长度$<l_{aE}$。

长筋：
$$l=H_n-梁保护层厚度-\max(H_n/6,h_c,500\text{mm})+12d \quad (2-27)$$
$$下料长度=l-90°差值 \quad (2-28)$$

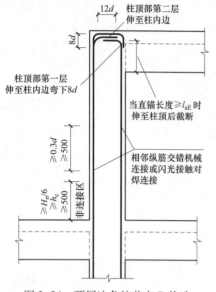

图 2-24　顶层边角柱节点 D 构造
（机械连接或焊接连接）

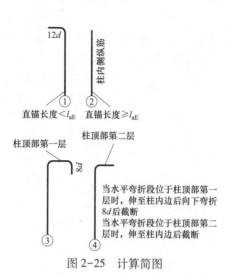

图 2-25　计算简图

短筋：

$$l = H_n - 梁保护层厚度 - \max(H_n/6, h_c, 500\text{mm}) - \max(35d, 500\text{mm}) + 12d \tag{2-29}$$

$$下料长度 = l - 90°差值 \tag{2-30}$$

2）②号钢筋（柱内侧纵筋）——直锚长度 $\geq l_{aE}$。

长筋：

$$l = H_n - 梁保护层厚度 - \max(H_n/6, h_c, 500\text{mm}) \tag{2-31}$$

$$下料长度 = l \tag{2-32}$$

短筋：

$$l = H_n - 梁保护层厚度 - \max(H_n/6, h_c, 500\text{mm}) - \max(35d, 500\text{mm}) \tag{2-33}$$

$$下料长度 = l \tag{2-34}$$

3）③号钢筋（柱顶第一层钢筋）。

长筋：

$$l = H_n - 梁保护层厚度 - \max(H_n/6, h_c, 500\text{mm}) + \\ 柱宽 - 2 \times 柱保护层厚度 + 8d \tag{2-35}$$

$$下料长度 = l - 2 \times 90°差值 \tag{2-36}$$

短筋：

$$l = H_n - 梁保护层厚度 - \max(H_n/6, h_c, 500\text{mm}) - \\ \max(35d, 500\text{mm}) + 柱宽 - 2 \times 柱保护层厚度 + 8d \tag{2-37}$$

$$下料长度 = l - 2 \times 90° 差值 \qquad (2-38)$$

4）④号钢筋（柱顶第二层钢筋）。

长筋：

$$l = H_n - 梁保护层厚度 - \max(H_n/6, h_c, 500\text{mm}) + 柱宽 - 2 \times 柱保护层厚度$$

$$(2-39)$$

$$下料长度 = l - 90° 差值 \qquad (2-40)$$

短筋：

$$l = H_n - 梁保护层厚度 - \max(H_n/6, h_c, 500\text{mm}) -$$

$$\max(35d, 500\text{mm}) + 柱宽 - 2 \times 柱保护层厚度 \qquad (2-41)$$

$$下料长度 = l - 90° 差值 \qquad (2-42)$$

16. 柱纵筋变化时如何翻样？

（1）上柱钢筋比下柱钢筋多（图2-26）。

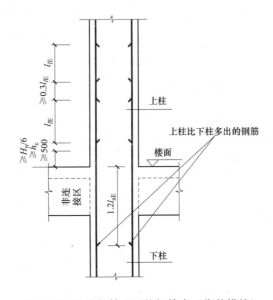

图2-26 上柱钢筋比下柱钢筋多（绑扎搭接）

$$短插筋 = \max(H_n/6, h_c, 500\text{mm}) + l_{lE} + 1.2 l_{aE}$$
$$长插筋 = \max(H_n/6, h_c, 500\text{mm}) + 2.3 l_{lE} + 1.2 l_{aE}$$

（2）下柱钢筋比上柱钢筋多（图2-27）。下柱多出的钢筋在上层锚固，其他钢筋同是中间层。

$$长插筋 = 下层层高 - \max(H_n/6, h_c, 500\text{mm}) - 梁高 + 1.2 l_{aE}$$

$$短插筋 = 下层层高 - \max(H_n/6, h_c, 500) - 1.3 l_{lE} - 梁高 + 1.2 l_{aE}$$

（3）上柱钢筋直径比下柱钢筋直径大（图2-28）。

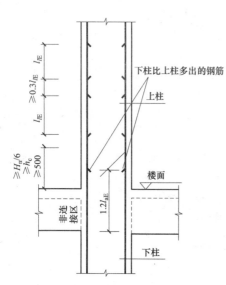

图 2-27　下柱钢筋比上柱
钢筋多（绑扎搭接）

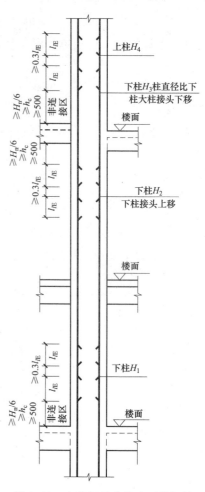

图 2-28　上柱钢筋直径比下柱钢筋
直径大（绑扎搭接）

1）绑扎搭接

下层柱纵筋长度 = 下层第一层层高 - $\max(H_{n1}/6, h_c, 500\text{mm})$ +

下柱第二层层高 - 梁高 - $\max(H_{n2}/6, h_c, 500\text{mm})$ - $1.3l_{lE}$

上柱纵筋插筋长度 = $2.3l_{lE}$ + $\max(H_{n2}/6, h_c, 500\text{mm})$ + $\max(H_{n3}/6, h_c, 500\text{mm})$ + l_{lE}

上层柱纵筋长度 = l_{lE} + $\max(H_{n4}/6, h_c, 500\text{mm})$ + 本层层高 + 梁高 +

$\max(H_{n2}/6, h_c, 500\text{mm})$ + $2.3l_{lE}$

2）机械连接

下层柱纵筋长度 = 下层第一层层高 - $\max(H_{n1}/6, h_c, 500\text{mm})$ +

下柱第二层层高 - 梁高 - $\max(H_{n2}/6, h_c, 500\text{mm})$

上柱纵筋插筋长度 = $\max(H_{n2}/6, h_c, 500\text{mm})$ + $\max(H_{n3}/6, h_c, 500\text{mm})$ + 500mm

上层柱纵筋长度 $=\max(H_{n4}/6, h_c, 500\text{mm}) + 500\text{mm} + $ 本层层高 $+$ 梁高 $+$

$\qquad\qquad \max(H_{n2}/6, h_c, 500\text{mm})$

3）焊接连接

下层柱纵筋长度 $=$ 下层第一层层高 $-\max(H_{n1}/6, h_c, 500\text{mm}) + $

$\qquad\qquad$ 下柱第二层层高 $-$ 梁高 $-\max(H_{n2}/6, h_c, 500\text{mm})$

上柱纵筋插筋长度 $=\max(H_{n2}/6, h_c, 500\text{mm}) + $

$\qquad\qquad \max(H_{n3}/6, h_c, 500\text{mm}) + \max(35d, 500\text{mm})$

上层柱纵筋长度 $=\max(H_{n4}/6, h_c, 500\text{mm}) + \max(35d, 500\text{mm}) + $

$\qquad\qquad$ 本层层高 $+$ 梁高 $+\max(H_{n2}/6, h_c, 500\text{mm})$

3 剪力墙钢筋翻样与下料

剪力墙结构是利用建筑物的纵、横墙体来承受竖向荷载和水平荷载的结构。在高层建筑中，剪力墙除了重力荷载外，还要承受风和地震水平荷载引起的剪力和弯矩，因此，在《建筑抗震设计规范(2016年版)》(GB 50011—2010) 中又将"剪力墙"称为"抗震墙"。

3.1 剪力墙平法识图

1. 什么是剪力墙?

剪力墙是最近十几年才大量应用的结构，最常见的就是电梯间的墙，除此之外，框架结构中框架梁、柱之间的矩形空间所设置的用来加强框架的空间刚度和抗剪能力的现浇钢筋混凝土墙也是剪力墙。这样的结构就称为"框架—剪力墙结构"，简称"框剪结构"。

某些建筑不设置框架柱、框架梁，而把所有外墙和内墙都做成混凝土墙，直接支撑混凝土楼板，这样的结构称为"纯剪结构"。

剪力墙的主要作用是抵抗水平地震力。一般抗震设计主要考虑水平地震力，这是基于建筑物不在地震中心、甚至远离地震中心而假设的。地震冲击波是以震源为中心的球面波，所以地震力包括水平地震力和垂直地震力。在震中附近，地震力以垂直地震力为主，倘若考虑这种情况的发生，那么设计师就需要研究如何克服垂直地震力的影响。在离开震中较远的地方，地震力以水平地震力为主，这是一般抗震设计的基本出发点。在前文所述的"框架柱和剪力墙首当其冲，框架梁是耗能构件、非框架梁和楼板不考虑抗震"就是从抵抗水平地震力为出发点考虑的。

为抵抗水平地震力而设计的剪力墙，其主要受力钢筋就是水平分布筋。前文讲述梁、柱保护层时提到，保护层是针对梁、柱的箍筋而言的，现在，剪力墙的保护层则是直接针对水平分布筋而言的。

从分析剪力墙承受水平地震力的过程中了解到，剪力墙受水平地震力作用来回摆动时，基本上以墙肢的垂直中线为拉压零点线，墙肢中线两侧一侧受拉一侧受压且周期性变化，拉应力或压应力值越往外越大，直至边缘达最大值。之所以要在墙肢边缘处对剪力墙墙身进行加强，是为了加强墙肢抵抗水平地震力的能力，这就是为什么要在墙肢边缘设置"边缘构件"（暗柱或端柱）的原因。所以说，暗柱或端柱不是墙身的支座，相反，暗柱和端柱这些边缘构件与墙身本身是一个共同工作的整体（属于同一个墙肢）。

2. 剪力墙包含哪些构件？

剪力墙结构包含"一墙、二柱、三梁"，即一种墙身、两种墙柱、三种墙梁。

（1）一种墙身。剪力墙的墙身（Q）就是一道混凝土墙，常见的墙厚度在200mm以上，一般配置两排钢筋网。当然，更厚的墙也可能配置三排以上的钢筋网。

剪力墙墙身的钢筋网设置水平分布筋和垂直分布筋（即竖向分布筋）。布置钢筋时，把水平分布筋放在外侧，垂直分布筋放在水平分布筋的内侧。所以，剪力墙的保护层是针对水平分布筋来说的。

剪力墙墙身采用拉筋把外侧钢筋网和内侧钢筋网连接起来。若剪力墙墙身设置三排或更多排的钢筋网，拉筋还要把中间排的钢筋网固定起来。剪力墙的各排钢筋网的钢筋直径和间距是一致的，这为拉筋的连接创造了条件。

（2）两种墙柱。传统意义上的剪力墙柱分成两大类：暗柱和端柱。暗柱的宽度等于墙的厚度，因此暗柱是隐藏在墙内看不见的，这就是"暗柱"这个名称的来由。端柱的宽度比墙厚度要大，约束边缘端柱的长、宽尺寸要大于或等于两倍墙厚。

16G101-1图集中之所以把暗柱和端柱统称为"边缘构件"，是因为这些构件被设置在墙肢的边缘部位（墙肢可以理解为一个直墙段）。

这些边缘构件又划分为两大类："构造边缘构件"和"约束边缘构件"。

（3）三种墙梁。16G101-1图集里的三种剪力墙梁是连梁（LL）、暗梁（AL）和边框梁（BKL），并给出了连梁的钢筋构造详图，可对于暗梁和边框梁就只给出一个断面图，图3-1所示为配筋示意图。

1）连梁（LL）。连梁（LL）本身是一种特殊的墙身，它是上下楼层窗（门）洞口之间的那部分水平的窗间墙（同一楼层相邻两个窗口之间的垂直窗间墙，一般是暗柱）。

连梁的截面高度一般都在2000mm以上，这表明这些连梁是从本楼层窗洞口的上边沿直到上一楼层的窗台处。

然而，有的工程设计的连梁截面高度只有几百毫米，也就是从本楼层窗洞口的上边沿直到上一楼层的楼面标高为止，而从楼面标高到窗台这个高度范围之内，是用砌砖来补齐，这为施工提供了某些方便，因为施工到上一楼面时，

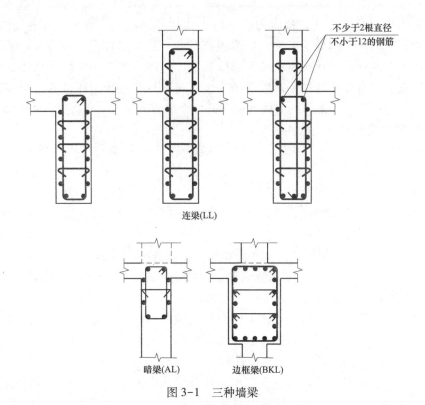

不少于2根直径
不小于12的钢筋

连梁(LL)

暗梁(AL)   边框梁(BKL)

图3-1 三种墙梁

不必留下"半个连梁"的槎口,但由于砖砌体不如整体现浇混凝土结实,因此后一种设计形式对于高层建筑来说是十分危险的。

2)暗梁（AL）。暗梁（AL）与暗柱都是墙身的一个组成部分,有一定的相似性——它们都是隐藏在墙身内部看不见的构件。事实上,剪力墙的暗梁和砖混结构的圈梁的共同之处在于它们都是墙身的一个水平线性"加强带"。如果梁的定义是一种受弯构件的话,那么圈梁不是梁,暗梁也不是梁。认清暗梁的这种属性对研究暗梁的构造是十分有利的。16G101-1图集里并没有对暗梁的构造作出详细的介绍,只是给出一个暗梁的断面图。那么我们可以这样来理解:暗梁的配筋就是按照这个断面图所标注的钢筋截面全长贯通布置的,这与框架梁有上部非贯通纵筋和箍筋加密区,存在极大的差别。

剪力墙中存在大量的暗梁。如前文所述,剪力墙的暗梁和砖混结构的圈梁有些共同之处:圈梁一般设置在楼板之下,现浇圈梁的梁顶标高一般与板顶标高相齐;暗梁也一般是设置在楼板之下,暗梁的梁顶标高一般与板顶标高相齐（图3-1）。认识这一点很重要,有的人一提到"暗梁"就联想到门窗洞口的上方,其实,墙身洞口上方的暗梁是"洞口补强暗梁",我们在后面讲到剪力墙洞口时会介绍补强暗梁的构造,与楼板底下的暗梁还是不一样的。暗梁纵筋也是

"水平筋"，可以参考剪力墙墙身水平分布钢筋构造。

3）边框梁（BKL）。边框梁（BKL）与暗梁有很多共同之处：边框梁一般也是设置在楼板以下的部位；边框梁也不是一个受弯构件，那么边框梁也不是严格意义上的梁。因此16G101-1图集里对边框梁也与暗梁一视同仁，只是给出一个边框梁的断面图。所以，边框梁的配筋就是按照这个断面图所标注的钢筋截面全长贯通布置的——这与框架梁有上部非贯通纵筋和箍筋加密区存在极大的差异。

当然，边框梁毕竟和暗梁不一样，它的截面宽度比暗梁宽，也就是说，边框梁的截面宽度大于墙身厚度，因此形成了凸出剪力墙墙面的一个"边框"。因为边框梁与暗梁都设置在楼板以下的部位，所以，有了边框梁就可以不设暗梁。

例如，图3-2的左图有一个例子——工程的"暗梁、边框梁布置简图"，在这个平面布置图中，看似是把暗梁AL1和边框梁BKL1放在一起布置，实际上，从剪力墙梁表（图3-2右图）可以看出，暗梁AL1在第2层到第16层（指建筑楼层）上设置，而边框梁BKL1只是在"屋面"上设置（即仅在最高楼层的顶板处设置）。

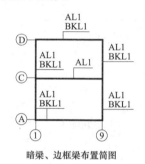

暗梁、边框梁布置简图

剪边墙梁表

编 号	楼层号	梁截面 $b \times h$	上部纵筋	下部纵筋	箍 筋
AL1	2~9	300×600	3⌀18	3⌀18	Φ8@200(2)
	10~16	250×500	3⌀16	3⌀16	Φ8@200(2)
BKL1	屋面	450×700	4⌀25	4⌀25	Φ10@200(2)

注：1. C轴上只有暗梁AL1，没有边框梁BKL1。
　　2. AL1与BKL1并不重叠（屋面是顶层，16层是顶层的下一层）。

图3-2　暗梁、边框梁布置简图实例

3. 剪力墙三类构件如何进行编号？

将剪力墙按墙柱、墙身、墙梁三类构件分别编号。

（1）墙柱编号。墙柱编号由墙柱类型代号和序号组成，表达形式见表3-1。

表3-1　　　　　　　墙　柱　编　号

墙柱类型	代号	序号
约束边缘构件	YBZ	××
构造边缘构件	GBZ	××
非边缘暗柱	AZ	××
扶壁柱	FBZ	××

注：约束边缘构件包括约束边缘暗柱、约束边缘端柱、约束边缘翼墙、约束边缘转角墙四种（图3-3）。构造边缘构件包括构造边缘暗柱、构造边缘端柱、构造边缘翼墙、构造边缘转角墙四种（图3-4）。

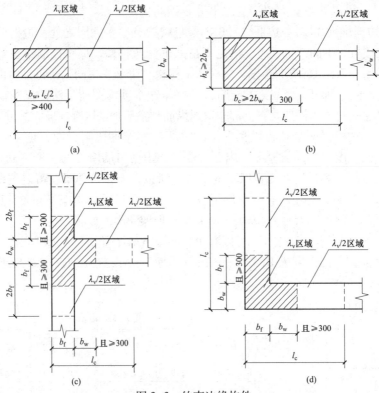

图 3-3　约束边缘构件

（a）约束边缘暗柱；（b）约束边缘端柱；（c）约束边缘翼墙；（d）约束边缘转角墙

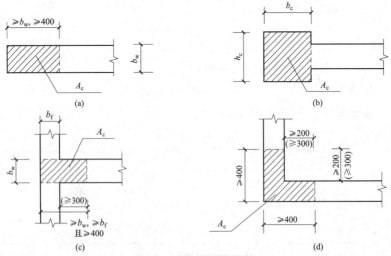

图 3-4　构造边缘构件

（a）构造边缘暗柱；（b）构造边缘端柱；（c）构造边缘翼墙（括号中数值用于高层建筑）；
（d）构造边缘转角墙（括号中数值用于高层建筑）

（2）墙身编号。墙身编号，由墙身代号、序号以及墙身所配置的水平与竖向分布钢筋的排数组成，其中，排数注写在括号内，表达形式为：Q××（×排）。

在编号中：当若干墙柱的截面尺寸与配筋均相同，仅截面与轴线的关系不同时，可将其编为同一墙柱号；当若干墙身的厚度尺寸和配筋均相同，仅墙厚与轴线的关系不同或墙身长度不同时，也可将其编为同一墙身号，但应在图中注明与轴线的几何关系。当墙身所设置的水平与竖向分布钢筋的排数为 2 时可不注。

对于分布钢筋网的排数规定。当剪力墙厚度不大于 400mm 时，应配置双排；当剪力墙厚度大于 400mm，但不大于 700mm 时，宜配置三排；当剪力墙厚度大于 700mm 时，宜配置四排，如图 3-5 所示。

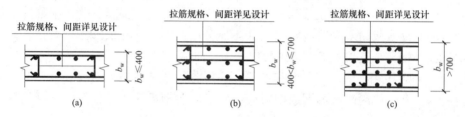

图 3-5　剪力墙身水平分布钢筋网排数
（a）剪力墙双排配筋；（b）剪力墙三排配筋；（c）剪力墙四排配筋

各排水平分布钢筋和竖向分布钢筋的直径与间距宜保持一致。

当剪力墙配置的分布钢筋多于两排时，剪力墙拉筋两端应同时勾住外排水平纵筋和竖向纵筋，还应与剪力墙内排水平纵筋和竖向纵筋绑扎在一起。

（3）墙梁编号墙梁编号由墙梁类型代号和序号组成，表达形式见表 3-2。

表 3-2　　　　　　　　　　墙　梁　编　号

墙梁类型	代号	序号
连梁	LL	××
连梁（对角暗撑配筋）	LL（JC）	××
连梁（交叉斜筋配筋）	LL（JX）	××
连梁（集中对角斜筋配筋）	LL（DX）	××
连梁（跨高比不小于 5）	LLk	××
暗梁	AL	××
边框梁	BKL	××

4. 约束边缘构件和构造边缘构件有哪些区别？

约束边缘构件要比构造边缘构件在抗震作用上强一些。因此，约束边缘构件（约束边缘暗柱和约束边缘端柱）要应用在抗震等级较高（例如一级抗震等级）的建筑；而构造边缘构件（构造边缘暗柱和构造边缘端柱）则应用在抗震等级较低的建筑。有时候，底部的楼层（例如第一层和第二层）采用约束边缘构件，而在以上的楼层则采用构造边缘构件。这样，同一位置上的一个暗柱，在底层的楼层编号为YBZ，而到了上面的楼层就变成了GBZ了，在审阅图纸时这一点尤其要注意。

5. 剪力墙墙柱表中需要表达哪些内容？

墙柱表中表达的内容包括：

（1）墙柱编号（表3-1），绘制该墙柱的截面配筋图，标注墙柱几何尺寸。

1）约束边缘构件（图3-3），需注明阴影部分尺寸。

2）构造边缘构件（图3-4），需注明阴影部分尺寸。

3）扶壁柱及非边缘暗柱需标注几何尺寸。

（2）各段墙柱的起止标高。注写各段墙柱的起止标高，自墙柱根部往上以变截面位置或截面未变但配筋改变处为界分段注写。墙柱根部标高系指基础顶面标高（部分框支剪力墙结构则为框支梁顶面标高）。

（3）各段墙柱的纵向钢筋和箍筋。注写各段墙柱的纵向钢筋和箍筋，注写值应与在表中绘制的截面配筋图对应一致。纵向钢筋注写总配筋值；墙柱箍筋的注写方式与柱箍筋相同。

剪力墙墙柱表识图如图3-6所示。

截面	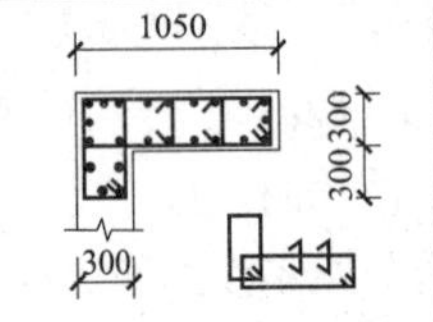 YBZ1截面图	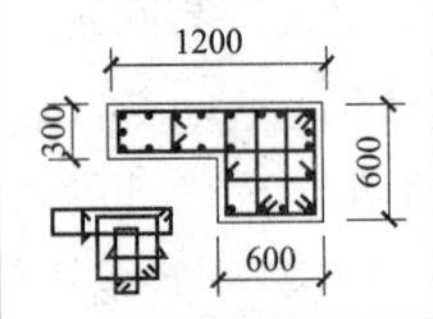 YBZ2截面图	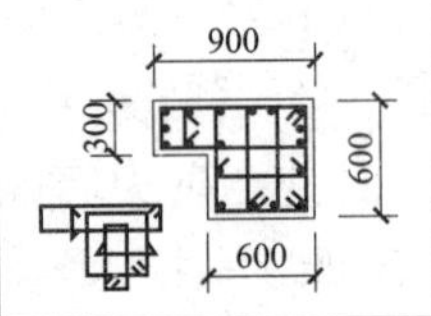 YBZ3截面图	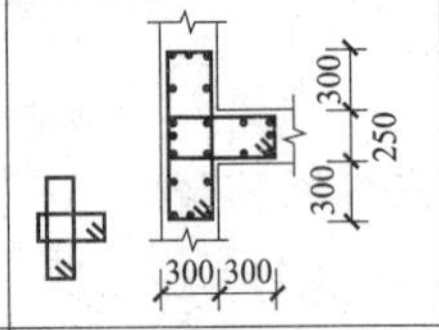 YBZ4截面图
编号	YBZ1	YBZ2	YBZ3	YBZ4
标高	−0.030~12.270	−0.030~12.270	−0.030~12.270	−0.030~12.270
纵筋	24Φ20	22Φ20	18Φ22	20Φ20
箍筋	Φ10@100	Φ10@100	Φ10@100	Φ10@100

截面	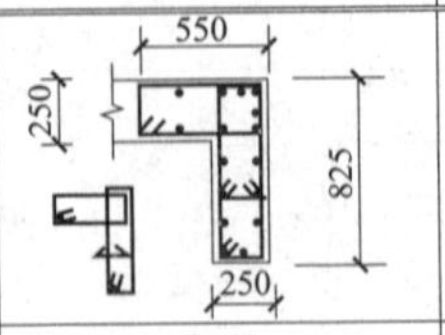 YBZ5截面图	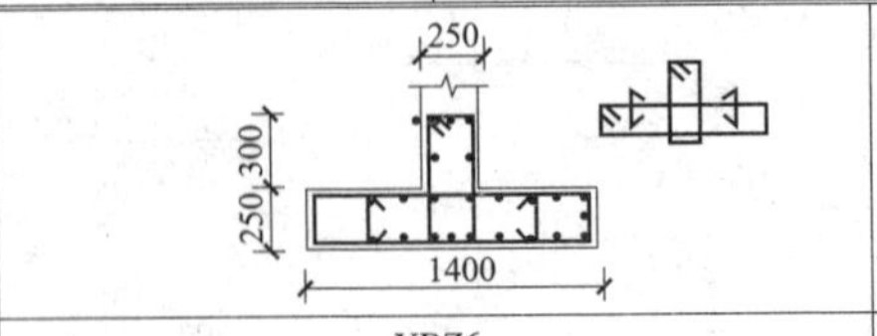 YBZ6截面图	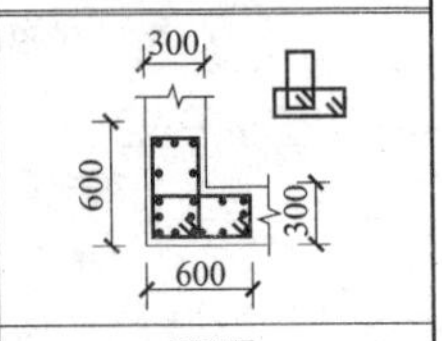 YBZ7截面图
编号	YBZ5	YBZ6	YBZ7
标高	−0.030~12.270	−0.030~12.270	−0.030~12.270
纵筋	20Φ20	28Φ20	16Φ20
箍筋	Φ10@100	Φ10@100	Φ10@100

图 3-6　剪力墙墙柱表识图

6. 剪力墙墙身表中需要表达哪些内容?

(1) 墙身编号。墙身编号具体要求见上一问题。

(2) 各段墙身起止标高。注写各段墙身起止标高,自墙身根部往上以变截面位置或截面未变但配筋改变处为界分段注写。墙身根部标高系指基础顶面标高(部分框支剪力墙结构则为框支梁顶面标高)。

(3) 配筋。注写水平分布钢筋、竖向分布钢筋和拉结筋的具体数值。注写数值为一排水平分布钢筋和竖向分布钢筋的规格与间距,具体设置几排已经在墙身编号后面表达。

拉结筋应注明布置方式"矩形"或"梅花"布置,用于剪力墙分布钢筋的拉结,如图3-7所示(图中 a 为竖向分布钢筋间距, b 为水平分布钢筋间距)。

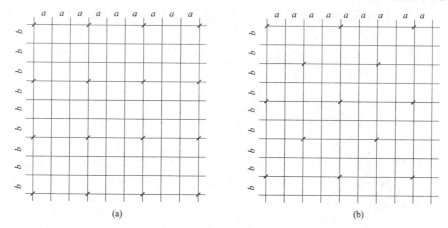

图 3-7 拉结筋布置示意

(a)拉结筋@3a3b 矩形($a \leqslant 200$ 、 $b \leqslant 200$);(b)拉结筋@4a4b 梅花($a \leqslant 150$ 、 $b \leqslant 150$)

剪力墙墙身表识图如图3-8所示。

编号	标 高	墙厚	水平分布筋	垂分布筋	拉筋(双向)
Q1	−0.030~30.270	300	Φ12@200	Φ12@200	Φ6@600@600
	30.270~59.070	250	Φ10@200	Φ10@200	Φ6@600@600
Q2	−0.030~30.270	250	Φ10@200	Φ10@200	Φ6@600@600
	30.270~59.070	200	Φ10@200	Φ10@200	Φ6@600@600

图 3-8 剪力墙墙身表识图

7. 剪力墙墙梁表中需要表达哪些内容?

(1) 墙梁编号。墙梁编号见表3-2。

(2) 墙梁所在楼层号。

（3）墙梁顶面标高高差。墙梁顶面标高高差，系指相对于墙梁所在结构层楼面标高的高差值，高于楼面者为正值，低于楼面者为负值，当无高差时不注。

（4）截面尺寸。墙梁截面尺寸 $b×h$，上部纵筋、下部纵筋和箍筋的具体数值。

（5）当连梁设有对角暗撑时［代号为 LL（JC）××］，注写暗撑的截面尺寸（箍筋外皮尺寸）；注写一根暗撑的全部纵筋，并标注×2 表明有两根暗撑相互交叉；注写暗撑箍筋的具体数值。

（6）当连梁设有交叉斜筋时［代号为 LL（JX）××］，注写连梁一侧对角斜筋的配筋值，并标注×2 表明对称设置；注写对角斜筋在连梁端部设置的拉筋根数、强度级别及直径，并标注×4 表示四个角都设置；注写连梁一侧折线筋配筋值，并标注×2 表明对称设置。

（7）当连梁设有集中对角斜筋时［代号为 LL（DX）××］，注写一条对角线上的对角斜筋，并标注×2 表明对称设置。

（8）跨高比不小于 5 的连梁，按框架梁设计时（代号为 LLk××），采用平面注写方式，注写规则同框架梁，可采用适当比例单独绘制，也可与剪力墙平法施工图合并绘制。

墙梁侧面纵筋的配置，当墙身水平分布钢筋满足连梁、暗梁及边框梁的梁侧面纵向构造钢筋的要求时，该筋配置同墙身水平分布钢筋，表中不注，施工按标准构造详图的要求即可。当墙身水平分布钢筋不满足连梁、暗梁及边框梁的梁侧面纵向构造钢筋的要求时，应在表中补充注明梁侧面纵筋的具体数值；当为 LLk 时，平面注写方式以大写字母"N"打头。梁侧面纵向钢筋在支座内锚固要求同连梁中受力钢筋。

8. 剪力墙的截面注写方式包括哪些内容？

选用适当比例原位放大绘制剪力墙平面布置图，其中对墙柱绘制配筋截面图；对所有墙柱、墙身、墙梁进行编号，并分别在相同编号的墙柱、墙身、墙梁中选择一根墙柱、一道墙身、一根墙梁进行注写，其注写方式如下：

（1）从相同编号的墙柱中选择一个截面，注明几何尺寸，标注全部纵筋及箍筋的具体数值。约束边缘构件（图 3-3）除需注明阴影部分具体尺寸外，尚需注明约束边缘构件沿墙肢长度 l_c，约束边缘翼墙中沿墙肢长度尺寸为 $2b_f$ 时可不注。

（2）从相同编号的墙身中选择一道墙身，按顺序引注的内容为：墙身编号（应包括注写在括号内墙身所配置的水平与竖向分布钢筋的排数），墙厚尺寸，水平分布钢筋、竖向分布钢筋和拉筋的具体数值。

（3）从相同编号的墙梁中选择一根墙梁，按顺序引注的内容为：

1）注写墙梁编号、墙梁截面尺寸 $b \times h$、墙梁箍筋、上部纵筋、下部纵筋和墙梁顶面标高高差的具体数值。

2）当连梁设有对角暗撑时［代号为 LL（JC）××］，注写暗撑的截面尺寸（箍筋外皮尺寸）；注写一根暗撑的全部纵筋，并标注×2 表明有两根暗撑相互交叉；注写暗撑箍筋的具体数值。

3）当连梁设有交叉斜筋时［代号为 LL（JX）××］，注写连梁一侧对角斜筋的配筋值，并标注×2 表明对称设置；注写对角斜筋在连梁端部设置的拉筋根数、规格及直径，并标注×4 表示四个角都设置；注写连梁一侧折线筋配筋值，并标注×2 表明对称设置。

4）当连梁设有集中对角斜筋时［代号为 LL（DX）××］，注写一条对角线上的对角斜筋，并标注×2 表明对称设置。

5）跨高比不小于 5 的连梁，按框架梁设计时（代号为 LLk××），采用平面注写方式，注写规则同框架梁，可采用适当比例单独绘制，也可与剪力墙平法施工图合并绘制。

当墙身水平分布钢筋不能满足连梁、暗梁及边框梁的梁侧面纵向构造钢筋的要求时，应补充注明梁侧面纵筋的具体数值；注写时，以大写字母 N 打头，接续注写直径与间距。其在支座内的锚固要求同连梁中受力钢筋。

9. 剪力墙洞口如何表示？

无论采用列表注写方式还是截面注写方式，剪力墙上的洞口均可在剪力墙平面布置图上原位表达。

洞口的具体表示方法：

（1）在剪力墙平面布置图上绘制。在剪力墙平面布置图上绘制洞口示意，并标注洞口中心的平面定位尺寸。

（2）在洞口中心位置引注。

1）洞口编号。矩形洞口为 JD××（××为序号），圆形洞口为 YD××（××为序号）。

2）洞口几何尺寸。矩形洞口为洞宽×洞高（$b \times h$），圆形洞口为洞口直径口。

3）洞口中心相对标高。洞口中心相对标高，系相对于结构层楼（地）面标高的洞口中心高度。当其高于结构层楼面时为正值，低于结构层楼面时为负值。

4）洞口每边补强钢筋。

a. 当矩形洞口的洞宽、洞高均不大于 800mm 时，此项注写为洞口每边补强钢筋的具体数值。当洞宽、洞高方向的补强钢筋不一致时，分别注写洞宽方向、洞高方向的补强钢筋的具体数值，以"/"分隔。

b. 当矩形或圆形洞口的洞宽或直径大于 800mm 时，在洞口的上、下需设置补强暗梁，此项注写为洞口上、下每边暗梁的纵筋与箍筋的具体数值（在标准构造详图中，补强暗梁梁高一律定为 400mm，施工时按标准构造详图取值，设计不注。当设计者采用与该构造详图不同的做法时，应另行注明），圆形洞口时尚需注明环向加强钢筋的具体数值；当洞口上、下边为剪力墙连梁时，此项免注；洞口竖向两侧设置边缘构件时，也不在此项表达（当洞口两侧不设置边缘构件时，设计者应给出具体做法）。

c. 当圆形洞口设置在连梁中部 1/3 范围（且圆洞直径不应大于 1/3 梁高）时，需注写在圆洞上、下水平设置的每边补强纵筋与箍筋的具体数值。

d. 当圆形洞口设置在墙身或暗梁、边框梁位置，且洞口直径不大于 300mm 时，此项注写为洞口上、下、左、右每边布置的补强纵筋的具体数值。

e. 当圆形洞口直径大于 300mm，但不大于 800mm 时，此项注写为洞口上、下、左、右每边布置的补强纵筋的具体数值，以及环向加强筋的具体数值。

10. 地下室外墙如何表示？

本节地下室外墙仅适用于起挡土作用的地下室外围护墙。地下室外墙、中墙柱、连梁及洞口等的表示方法同地上剪力墙。

地下室外墙编号，由墙身代号、序号组成。表达为：DWQ××

地下室外墙平面注写方式，包括集中标注墙体编号、厚度、贯通筋、拉结筋等和原位标注附加非贯通筋等两部分内容。当仅设置贯通筋，未设置附加非贯通筋时，则仅做集中标注。

（1）集中标注。集中标注的内容包括：

1）地下室外墙编号，包括代号、序号、墙身长度（注为××~××轴）。

2）地下室外墙厚度 b=×××。

3）地下室外墙的外侧、内侧贯通筋和拉结筋。

a. 以 OS 代表外墙外侧贯通筋。其中，外侧水平贯通筋以 H 打头注写，外侧竖向贯通筋以 V 打头注写。

b. 以 IS 代表外墙内侧贯通筋。其中，内侧水平贯通筋以 H 打头注写，内侧竖向贯通筋以 V 打头注写。

c. 以 tb 打头注写拉结筋直径、强度等级及间距，并注明"矩形"或"梅花"。

（2）原位标注。地下室外墙的原位标注，主要表示在外墙外侧配置的水平非贯通筋或竖向非贯通筋。

当配置水平非贯通筋时，在地下室墙体平面图上原位标注。在地下室外墙外侧绘制粗实线段代表水平非贯通筋，在其上注写钢筋编号并以 H 打头注写钢筋强度等级、直径、分布间距，以及自支座中线向两边跨内的伸出长度值。当自支座中线向两侧对称伸出时，可仅在单侧标注跨内伸出长度，另一侧不注，此种情况下非贯通筋总长度为标注长度的 2 倍。边支座处非贯通钢筋的伸出长度值从支座外边缘算起。

地下室外墙外侧非贯通筋通常采用"隔一布一"方式与集中标注的贯通筋间隔布置，其标注间距应与贯通筋相同，两者组合后的实际分布间距为各自标注间距的 1/2。

当在地下室外墙外侧底部、顶部、中层楼板位置配置竖向非贯通筋时，应补充绘制地下室外墙竖向剖面图并在其上原位标注。表示方法为在地下室外墙竖向剖面图外侧绘制粗实线段代表竖向非贯通筋，在其上注写钢筋编号并以 V 打头注写钢筋强度等级、直径、分布间距，以及向上（下）层的伸出长度值，并在外墙竖向剖面图名下注明分布范围（××~××轴）。

地下室外墙外侧水平、竖向非贯通筋配置相同者，可仅选择一处注写，其他可仅注写编号。

当在地下室外墙顶部设置水平通长加强钢筋时应注明。

3.2 剪力墙钢筋翻样与下料

1. 剪力墙身水平分布钢筋构造有哪些形式？

（1）水平分布钢筋在暗柱中的构造。

1）水平分布钢筋在端部暗柱中的构造。端部有（L 形）暗柱时，剪力墙水平分布钢筋从（L 形）暗柱纵筋的外侧插入（L 形）暗柱，伸到（L 形）暗柱端部弯折 $10d$，如图 3-9 所示。

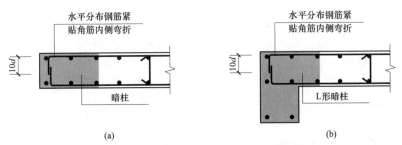

图 3-9　水平分布钢筋在端部暗柱墙中的构造
（a）暗柱；（b）L 形暗柱

2）水平分布钢筋在转角墙中的构造。水平分布钢筋在转角墙中的构造共有三种情况，如图 3-10 所示。

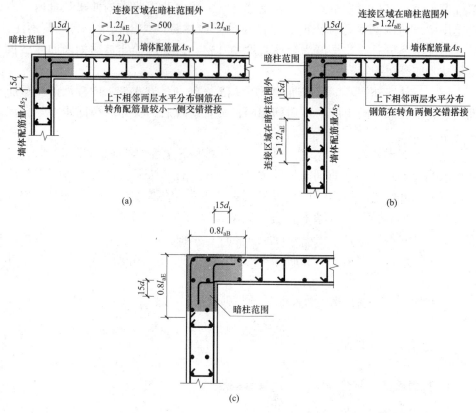

图 3-10 墙身水平筋在转角墙柱中的构造

图 3-10（a）构造要点：上下相邻两排水平分布筋在转角一侧交错搭接，搭接长度大于或等于 $1.2l_{aE}$，搭接范围错开间距 500mm；墙外侧水平分布筋连续通过转角，在转角墙核心部位以外与另一片剪力墙的外侧水平分布筋连接，墙内侧水平分布筋伸至转角墙核心部位的外侧钢筋内侧，水平弯折 15d。

图 3-10（b）构造要点：上下相邻两排水平分布筋在转角两侧交错搭接，搭接长度大于或等于 $1.2l_{aE}$；墙外侧水平分布筋连续通过转角，在转角墙核心部位以外与另一片剪力墙的外侧水平分布筋连接，墙内侧水平分布筋伸至转角墙核心部位的外侧钢筋内侧，水平弯折 15d。

图 3-10（c）构造要点：墙外侧水平分布筋在转角处搭接，搭接长度为 $1.6l_{aE}$，墙内侧水平分布筋伸至转角墙核心部位的外侧钢筋内侧，水平弯折 15d。

3）水平分布钢筋在翼墙中的构造。水平分布钢筋在翼墙中的构造如图 3-11 所示，翼墙两翼的墙身水平分布筋连续通过翼墙；翼墙肢部墙身水平分布筋伸至翼墙核心部位的外侧钢筋内侧，水平弯折 15d。

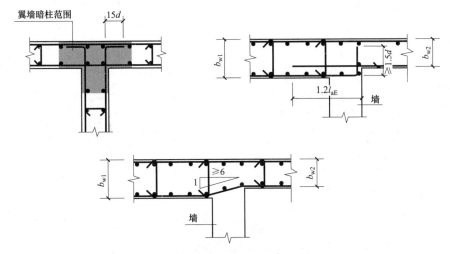

图 3-11 设置翼墙时剪力墙水平分布钢筋锚固构造

4）水平分布钢筋在端柱中的构造。端柱位于转角部位时，位于端柱宽出墙身一侧的剪力墙水平分布筋伸入端柱水平长度大于或等于 $0.6l_{abE}$，弯折长度 $15d$；当直锚深度大于或等于 l_{aE} 时，可不设弯钩。位于端柱与墙身相平一侧的剪力墙水平分布筋绕过端柱阳角，与另一片墙段水平分布筋连接；也可不绕过端柱阳角，而直接伸至端柱角筋内侧向内弯折 $15d$，如图 3-12（a）所示。

非转角部位端柱，剪力墙水平分布筋伸入端柱弯折长度 $15d$；当直锚深度大于或等于 l_{aE} 时，可不设弯钩。如图 3-12（b）和（c）所示。

（2）水平分布钢筋在端部无暗柱处的构造。剪力墙身水平分布筋在端部无暗柱时，可采用在端部设置 U 形水平筋（目的是箍住边缘竖向加强筋），墙身水平分布筋与 U 形水平搭接；也可将墙身水平分布筋伸至端部弯折 $10d$，如图 3-13 所示。

（3）水平分布钢筋交错连接构造。剪力墙身水平分布钢筋交错连接时，上下相邻的墙身水平分布筋交错搭接，搭接长度大于或等于 $1.2l_{aE}$，搭接范围交错大于或等于 500mm，如图 3-14 所示。

（4）剪力墙水平分布钢筋多排配筋构造。当 b_w（墙厚度）≤400mm 时，剪力墙设置双排配筋，如图 3-15（a）所示；当 400mm<b_w（墙厚度）≤700mm 时，剪力墙设置三排配筋，如图 3-15（b）所示；当 b_w（墙厚度）>700mm 时，剪力墙设置四排配筋，如图 3-15（c）所示。

2. 剪力墙身竖向钢筋构造有哪些形式？

（1）剪力墙身竖向分布钢筋连接构造。剪力墙身竖向分布钢筋通常采用搭接、机械连接和焊接连接三种连接方式。

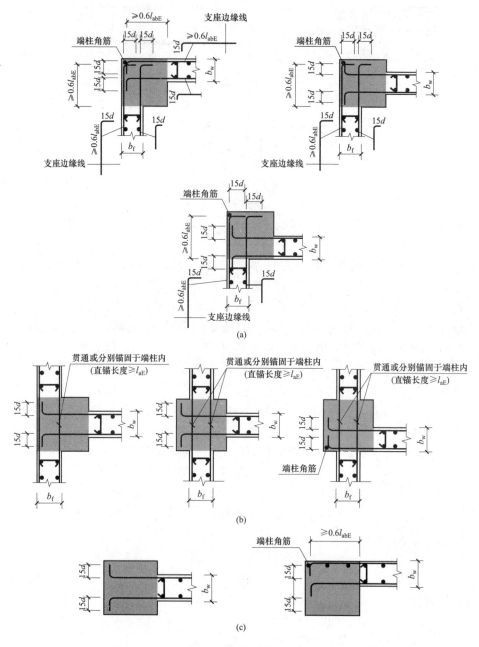

图 3-12 设置端柱时剪力墙水平分布钢筋锚固构造

（a）端柱转角墙；（b）端柱翼墙；（c）端柱端部墙

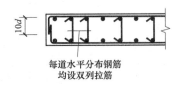

每道水平分布钢筋
均设双列拉筋

图 3-13 无暗柱时水平分布钢筋锚固构造

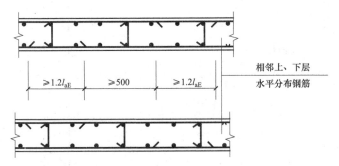

图 3-14 剪力墙水平分布钢筋交错搭接

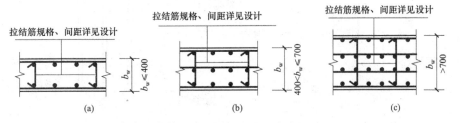

图 3-15 剪力墙多排配筋构造
(a) 剪力墙双排配筋；(b) 剪力墙三排配筋；(c) 剪力墙四排配筋

1) 当采用机械连接时，纵筋机械连接接头错开 $35d$；机械连接的连接点距离结构层顶面（基础顶面）或底面大于或等于 500mm，如图 3-16（b）所示。

2) 当采用焊接连接时，纵筋焊接连接接头错开 $35d$ 且大于或等于 500mm；焊接连接的连接点距离结构层顶面（基础顶面）或底面大于或等于 500mm，如图 3-16（c）所示。

3) 当采用搭接时，根据部位及抗震等级的不同，可分为两种情况：

a. 一、二级抗震等级剪力墙底部加强部位：墙身竖向分布钢筋可在楼层层间任意位置搭接，搭接长度为 $1.2l_{aE}$，搭接接头错开距离 500mm，钢筋直径大于 28mm 时不宜采用搭接，如图 3-16（a）所示。

b. 一、二级抗震等级剪力墙非底部加强部位或三、四级抗震等级剪力墙：墙身竖向分布钢筋可在楼层层间同一位置搭接，搭接长度为 $1.2l_{aE}$，钢筋直径大于 28mm 时不宜采用搭接，如图 3-16（d）所示。

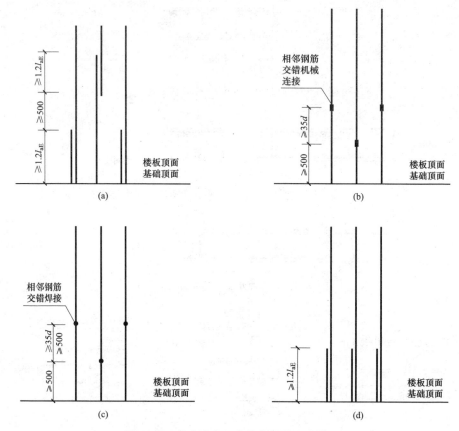

图 3-16 剪力墙身竖向分布钢筋连接构造

（2）剪力墙竖向钢筋多排配筋构造。当 b_w（墙厚度）≤400mm 时，剪力墙设置双排配筋，如图 3-17（a）所示；当 400mm<b_w（墙厚度）≤700mm 时，剪力墙设置三排配筋，如图 3-17（b）所示；当 b_w（墙厚度）>700mm 时，剪力墙设置四排配筋，如图 3-17（c）所示。

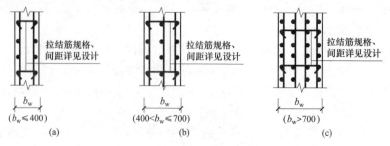

图 3-17 剪力墙多排配筋构造
（a）剪力墙双排配筋；（b）剪力墙三排配筋；（c）剪力墙四排配筋

（3）剪力墙竖向钢筋顶部构造。剪力墙竖向钢筋伸入屋面板或楼板顶部，弯折 12d（15d），（括号内数值是考虑屋面板上部钢筋与剪力外侧竖向钢筋搭接传力时的做法）；其在边框梁中的锚固长度为 l_{aE}，如图 3-18 所示。

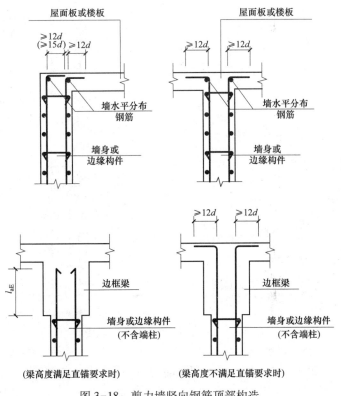

图 3-18　剪力墙竖向钢筋顶部构造

（4）剪力墙变截面处竖向钢筋构造。剪力墙变截面处竖向钢筋构造可分为四种情况，如图 3-19 所示。

1）单侧变截面（内侧错台）。变截面的一侧下层墙竖向筋伸至楼板顶部弯直钩，弯折长度大于或等于 12d，上层竖向钢筋直锚长度为 $1.2l_{aE}$，如图 3-19（a）所示。

2）两侧变截面（错台较大）。双侧下层墙竖向钢筋伸至楼板顶部弯直钩，弯折长度大于或等于 12d，上层竖向钢筋直锚长度为 $1.2l_{aE}$，如图 3-19（b）所示。

3）两侧变截面（Δ≤30mm）。剪力墙竖向钢筋弯折连续通过变截面处，如图 3-19（c）所示。

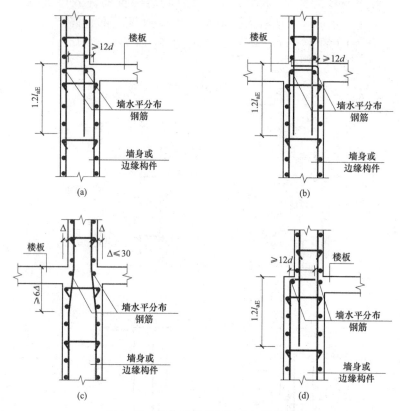

图 3-19　剪力墙变截面竖向钢筋构造

4）单侧变截面（外侧错台）。变截面的一侧下层墙竖向筋伸至楼板顶部弯直钩，弯折长度大于或等于 $12d$，上层竖向钢筋直锚长度为 $1.2l_{aE}$，如图 3-19（d）所示。

3. 约束边缘构件有哪些构造形式?

（1）约束边缘暗柱。约束边缘暗柱的钢筋构造如图 3-20 所示。

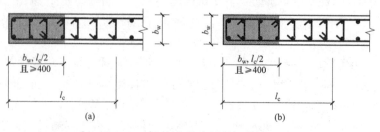

图 3-20　约束边缘暗柱的钢筋构造

（2）约束边缘端柱。约束边缘端柱的钢筋构造如图 3-21 所示。

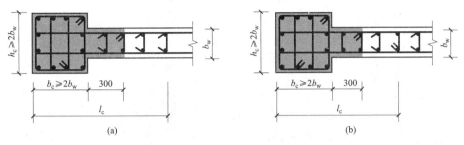

图 3-21　约束边缘端柱的钢筋构造

（3）约束边缘翼墙。约束边缘翼墙的钢筋构造如图 3-22 所示。

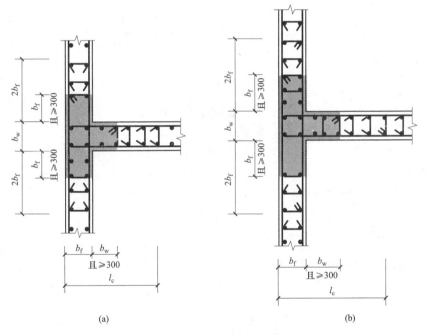

图 3-22　约束边缘翼墙的钢筋构造

（4）约束边缘转角墙。约束边缘转角墙的钢筋构造如图 3-23 所示。

4. 构造边缘构件有哪些构造形式？

（1）构造边缘暗柱。构造边缘暗柱的钢筋构造如图 3-24 所示。

（2）构造边缘端柱。构造边缘端柱的钢筋构造如图 3-25 所示。

（3）构造边缘翼墙。构造边缘翼墙的钢筋构造如图 3-26 所示。

（4）构造边缘转角墙。构造边缘转角墙的钢筋构造如图 3-27 所示。

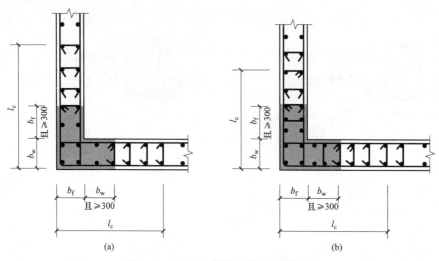

图 3-23 约束边缘转角墙的钢筋构造

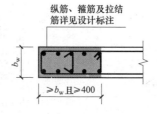

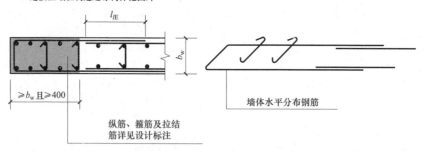

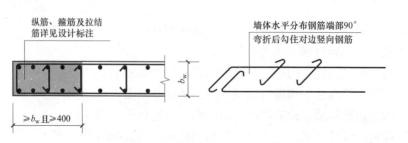

图 3-24 构造边缘暗柱的钢筋构造

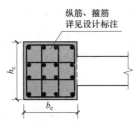

图 3-25 构造边缘端柱的钢筋构造

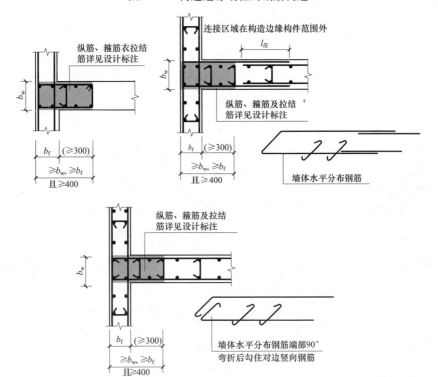

图 3-26 构造边缘翼墙的钢筋构造

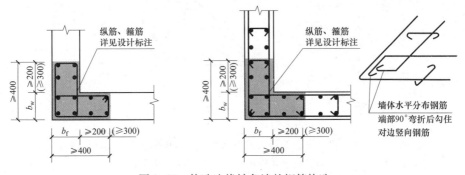

图 3-27 构造边缘转角墙的钢筋构造

5. 剪力墙水平分布钢筋计入约束边缘构件体积配箍率的构造是如何规定的？

剪力墙水平分布钢筋计入约束边缘构件体积配箍率的构造做法如图 3-28 所示。

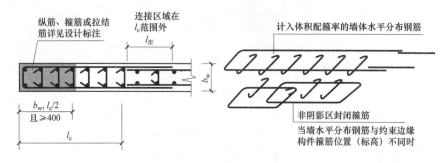

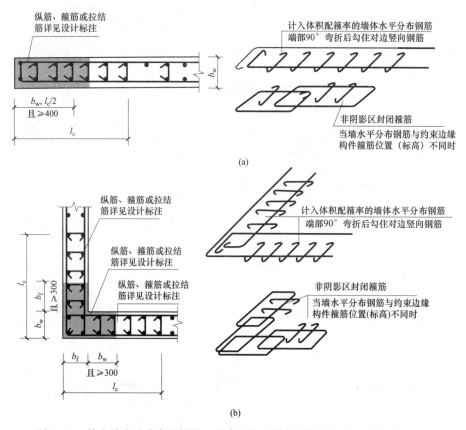

(a)

(b)

图 3-28 剪力墙水平分布钢筋计入约束边缘构件体积配箍率的构造做法（一）

（a）约束边缘暗柱；（b）约束边缘转角墙

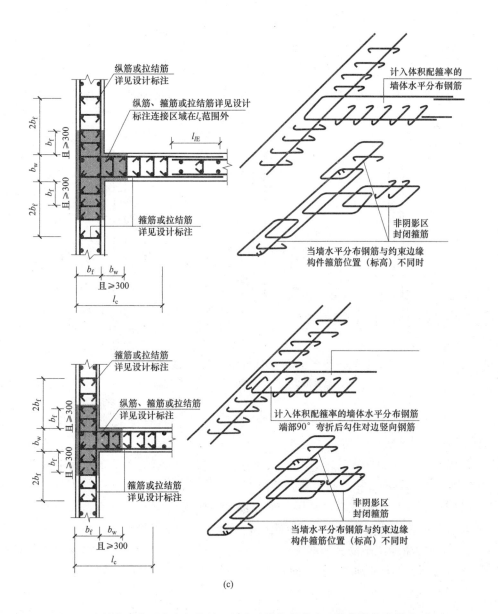

图 3-28 剪力墙水平分布钢筋计入约束边缘构件体积配箍率的构造做法（二）

（c）约束边缘翼墙

约束边缘阴影区的构造特点为水平分布筋和暗柱箍筋"分层间隔"布置，即一层水平分布筋、一层箍筋，再一层水平分布筋、一层箍筋……依次类推。计入的墙水平分布钢筋的体积配箍率不应大于总体积配箍率的30%。

约束边缘非阴影区构造做法同上。

6. 剪力墙边缘构件纵向钢筋连接构造有哪几种形式？

剪力墙边缘构件纵向钢筋连接可分为绑扎搭接、机械连接和焊接连接三种形式，如图3-29所示。

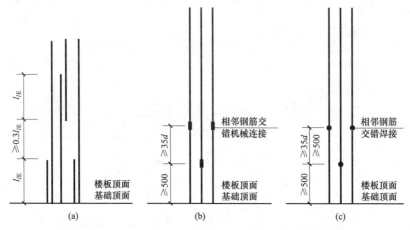

图3-29　剪力墙边缘构件纵向钢筋连接构造
(a) 绑扎搭接；(b) 机械连接；(c) 焊接连接

（1）当采用绑扎搭接时，相邻钢筋交错搭接，搭接长度大于或等于 l_{lE}，错开距离大于或等于 $0.3l_{lE}$。

（2）当采用机械连接时，第一个连接点距楼板顶面或基础顶面大于或等于500mm，相邻钢筋交错连接，错开距离大于或等于 $35d$。

（3）当采用焊接连接时，第一个连接点距楼板顶面或基础顶面大于或等于500mm，相邻钢筋交错连接，错开距离大于或等于 max（$35d$，500mm）。

7. 剪力墙连梁配筋有哪些种类？

剪力墙连梁构造如图3-30所示。

（1）纵筋。

1）小墙垛处洞口连梁（端部墙肢较短）。当端部洞口连梁的纵向钢筋在端支座的直锚长度大于或等于 l_{aE} 且大于或等于600mm 时，可不必向上（下）弯锚，连梁纵筋在中间支座的直锚长度为 l_{aE} 且大于或等于600mm；当暗柱或端柱的长度小于钢筋的锚固长度时，连梁纵筋伸至暗柱或端柱外侧纵筋的内侧弯钩15d。

2）单洞口连梁（单跨）。连梁纵筋在洞口两端支座的直锚长度为 l_{aE} 且大于或等于600mm。

3）双洞口连梁（双跨）。连梁纵筋在双洞口两端支座的直锚长度为 l_{aE} 且大于或等于600mm，洞口之间连梁通长设置。

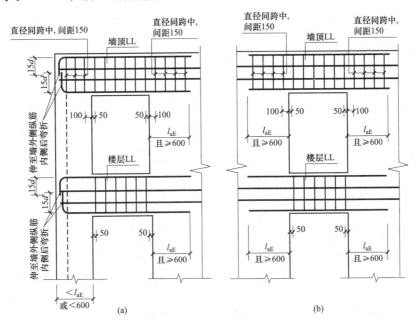

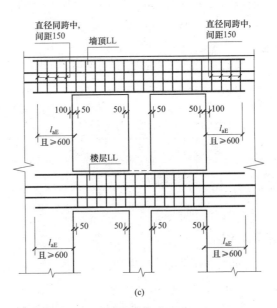

图3-30　连梁配筋构造

（a）小墙垛处洞口连梁（端部墙肢较短）；（b）单洞口连梁（单跨）；（c）双洞口连梁（双跨）

（2）箍筋。箍筋主要介绍其分布范围：楼层连梁的箍筋仅在洞口范围内布置，第一个箍筋在距支座边缘50mm处设置，如图3-30（b）所示；顶层连梁的箍筋在全梁范围内布置，洞口范围内的第一个箍筋在距支座边缘50mm处设置，支座范围内的第一个箍筋在距支座边缘100mm处设置，如图3-30（c）所示。

（3）拉筋。当梁宽小于或等于350mm时，拉筋直径取6mm，梁宽大于350mm时，拉筋直径取8mm，拉筋间距为2倍的箍筋间距，竖向沿侧面水平筋隔一拉一，如图3-31所示。

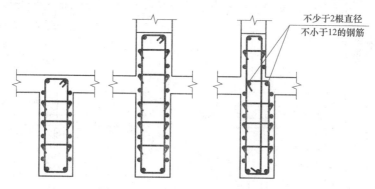

图3-31　连梁侧面纵筋和拉筋构造

8. 剪力墙连梁与暗梁或边框梁发生局部重叠时，两个梁的纵筋如何搭接？

暗梁或边框梁和连梁重叠的特点一般是两个梁顶标高相同，而暗梁的截面高度小于连梁，所以连梁的下部纵筋在连梁内部穿过，因此，搭接时主要应关注暗梁或边框梁与连梁上部纵筋的处理方式。

顶层边框梁或暗梁与连梁重叠时配筋构造，如图3-32所示。

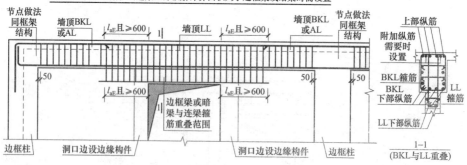

图3-32　顶层边框梁或暗梁与连梁重叠时配筋构造

楼层边框梁或暗梁与连梁重叠时配筋构造，如图3-33所示。

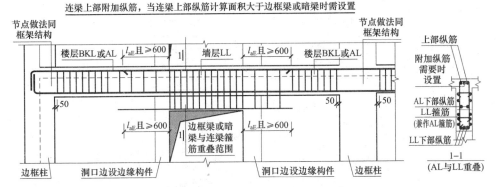

图 3-33 楼层边框梁或暗梁与连梁重叠时配筋构造

从"1—1"断面图可以看出重叠部分的梁上部纵筋：

第一排上部纵筋为 BKL 或 AL 的上部纵筋。

第二排上部纵筋为"连梁上部附加纵筋，当连梁上部纵筋计算面积大于边框梁或暗梁时需设置"。

连梁上部附加纵筋、连梁下部纵筋的直锚长度为"l_{aE} 且大于或等于 600mm"。

以上是 BKL 或 AL 的纵筋与 LL 纵筋的构造。至于它们的箍筋：

由于 LL 的截面宽度与 AL 相同（LL 的截面高度大于 AL），所以重叠部分的 LL 箍筋兼作 AL 箍筋。但是 BKL 就不同，BKL 的截面宽度大于 LL，所以 BKL 与 LL 的箍筋是各布各的，互不相干。

9. 剪力墙连梁 LLk 纵向钢筋、箍筋加密区如何构造？加密范围如何规定？

剪力墙连梁 LLk 纵向配筋构造如图 3-34 所示，箍筋加密区构造如图 3-35 所示。

（1）箍筋加密范围

一级抗震等级：加密区长度为 max（$2h_b$，500）；

二至四级抗震等级：加密区长度为 max（$1.5h_b$，500）。其中，h_b 为梁截面高度。

（2）梁上部通长钢筋与非贯通钢筋直径相同时，连接位置宜位于跨中 $l_n/3$ 范围内；梁下部钢筋连接位置宜位于支座 $l_n/3$ 范围内；且在同一连接区段内钢筋接头面积百分率不宜大于 50%。

（3）当梁纵筋（不包括架立筋）采用绑扎搭接接长时，搭接区内箍筋直径不小于 $d/4$（d 为搭接钢筋最大直径），间距不应大于 100 及 $5d$（d 为搭接钢筋最小直径）。

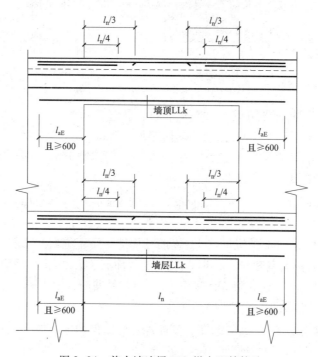

图 3-34 剪力墙连梁 LLk 纵向配筋构造

10. 剪力墙连梁交叉斜筋构造如何计算？

当洞口连梁截面宽度大于或等于 250mm 时，连梁中应根据具体条件设置斜向交叉斜筋配筋，如图 3-36 所示。斜向交叉钢筋锚入连梁支座内的锚固长度应大于或等于 max（l_{aE}，600mm）；交叉斜筋配筋连梁的对角斜筋在梁端部应设置拉筋，具体值见设计标注。

连梁配筋计算公式如下：

（1）连梁斜向交叉钢筋。

$$长度 = \sqrt{h^2 + l_0^2} + 2 \times max（l_{aE}，600mm）$$

式中 h——连梁的梁高，mm；

l_0——连梁跨度，mm。

（2）折线筋。

$$长度 = l_0/2 + \sqrt{h^2 + l_0^2}/2 + 2 \times \max\ (l_{aE},\ 600\text{mm})$$

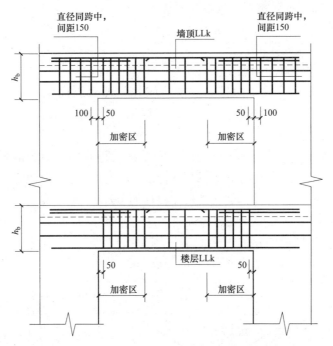

图 3-35 剪力墙连梁 LLk 箍筋加密区构造

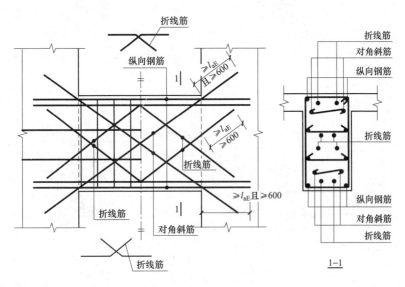

图 3-36 剪力墙连梁交叉斜筋构造

交叉斜筋配筋连梁的水平钢筋及箍筋形成的钢筋网之间应采用拉筋拉结，拉筋直径不宜小于 6mm，间距不宜大于 400mm。

11. 剪力墙连梁对角配筋构造有哪几种形式？

当连梁截面宽度大于或等于 400mm 时，连梁中应根据具体条件设置集中对角斜筋配筋或对角暗撑配筋。

（1）连梁集中对角斜筋配筋。集中对角斜筋配筋连梁，应在梁截面内沿水平方向及竖直方向设置双向拉筋，拉筋应勾住外侧纵向钢筋，间距不应大于 200mm，直径不应小于 8mm。集中对角斜筋锚入连梁支座内的锚固长度大于或等于 max（l_{aE}，600mm），如图 3-37（a）所示。

（2）连梁对角暗撑配筋。对角暗撑配筋连梁箍筋的外边缘沿梁截面宽度方向不宜小于连梁截面宽度的 1/2，另一方向不宜小于 1/5；对角暗撑约束箍筋肢距不应大于 350mm。暗撑箍筋在连梁支座位置 600mm 范围内进行箍筋加密；对角交叉暗撑纵筋锚入连梁支座内的锚固长度大于或等于 max（l_{aE}，600mm）。其水平钢筋及箍筋形成的钢筋网之间应采用拉筋拉结，拉筋直径不宜小于 6mm，间距不宜大于 400mm，如图 3-37（b）所示。

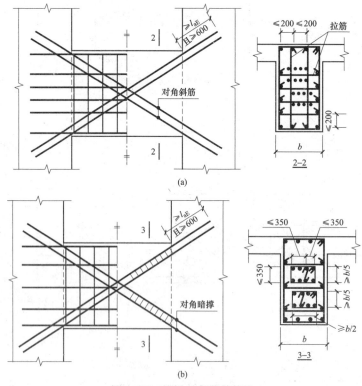

图 3-37 连梁对角配筋构造

（a）对角斜筋配筋；（b）对角暗撑配筋

12. 剪力墙洞口补强构造有哪几种形式?

(1) 矩形洞口补强。剪力墙由于开矩形洞口,需补强钢筋,当设计注写补强纵筋具体数值时,按设计要求,当设计未注明时,依据洞口宽度和高度尺寸,按以下构造要求:

1) 洞口宽度和高度均不大于 800mm。剪力墙矩形洞口宽度、高度不大于 800mm 时的洞口需补强钢筋,如图 3-38 所示。

洞口每侧补强钢筋按设计注写值。补强钢筋两端锚入墙内的长度为 l_{aE},洞口被切断的钢筋设置弯钩,弯钩长度为过墙中线加 $5d$(即墙体两面的弯钩相互交错 $10d$),补强纵筋固定在弯钩内侧。

2) 洞口宽度或高度均大于 800mm。剪力墙矩形洞口宽度或高度均大于 800mm 时的洞口需补强暗梁,如图 3-39 所示,配筋具体数值按设计要求。

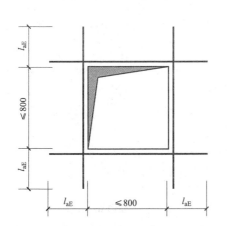

图 3-38　剪力墙矩形洞口补强钢筋构造
(剪力墙矩形洞口宽度和
高度均不大于 800mm)

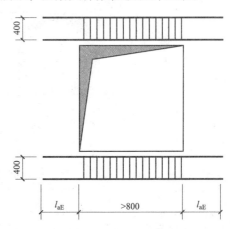

图 3-39　剪力墙矩形洞口补强钢筋构造
(剪力墙矩形洞口宽度和
高度均大于 800mm)

当洞口上边或下边为连梁时,不再重复补强暗梁,洞口竖向两侧设置剪力墙边缘构件。洞口被切断的剪力墙竖向分布钢筋设置弯钩,弯钩长度为 $15d$,在暗梁纵筋内侧锚入梁中。

(2) 剪力墙圆形洞口补强钢筋构造。

1) 洞口直径不大于 300mm。剪力墙圆形洞口直径不大于 300mm 时的洞口需补强钢筋。剪力墙水平分布筋与竖向分布筋遇洞口不截断,均绕洞口边缘通过或按设计标注在洞口每侧补强纵筋,锚固长度为两边均不小于 l_{aE},如图 3-40 所示。

2) 洞口直径大于 300mm 且小于或等于 800mm。剪力墙圆形洞口直径大于 300mm 且小于或等于 800mm 的洞口需补强钢筋。洞口每侧补强钢筋设计标注内容,锚固长度为均应大于或等于 l_{aE},如图 3-41 所示。

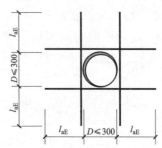

图 3-40　剪力墙圆形洞口补强钢筋构造
（圆形洞口直径不大于 300mm）

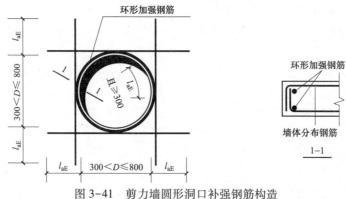

图 3-41　剪力墙圆形洞口补强钢筋构造
（圆形洞口直径大于 300mm 且小于或等于 800mm）

3）洞口直径大于 800mm。剪力墙圆形洞口直径大于 800mm 时的洞口需补强钢筋。当洞口上边或下边为剪力墙连梁时，不再重复设置补强暗梁。洞口每侧补强钢筋设计标注内容，锚固长度为均应大于或等于 max（l_{aE}，300mm），如图 3-42 所示。

（3）连梁中部洞口。连梁中部有洞口时，洞口边缘距离连梁边缘不小于 max（$h/3$，200mm）。洞口每侧补强纵筋与补强箍筋按设计标注，补强钢筋的锚固长度为不小于 l_{aE}，如图 3-43 所示。

13. 顶层墙竖向钢筋如何下料？

（1）绑扎搭接。当暗柱采用绑扎搭接接头时，顶层构造如图 3-44 所示。

1）计算长度。

$$长筋长度 = 顶层层高 - 顶层板厚 + 顶层锚固总长度 \ l_{aE}$$

$$短筋长度 = 顶层层高 - 顶层板厚 - （1.2l_{aE} + 500mm） +$$

$$顶层锚固总长度 \ l_{aE}$$

2）下料长度。

$$长筋长度 = 顶层层高 - 顶层板厚 + 顶层锚固总长度 \ l_{aE} - 90°差值$$

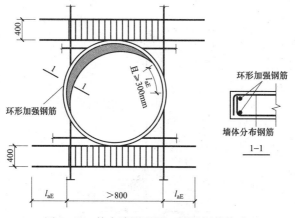

图 3-42 剪力墙圆形洞口补强钢筋构造

（圆形洞口直径大于 800mm）

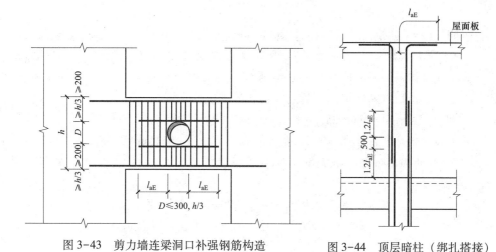

图 3-43 剪力墙连梁洞口补强钢筋构造 　　图 3-44 顶层暗柱（绑扎搭接）

短筋长度＝顶层层高－顶层板厚－$(1.2l_{aE}+500mm)$＋
顶层锚固总长度 l_{aE}－90°差值

（2）机械或焊接连接。当暗柱采用机械或焊接连接接头时，顶层构造如图 3-45 所示。

1）计算长度。

长筋长度＝顶层层高－顶层板厚－500mm＋顶层锚固总长度 l_{aE}

短筋长度＝顶层层高－顶层板厚－500mm－35d＋顶层锚固总长度 l_{aE}

2）下料长度。

长筋长度＝顶层层高－顶层板厚－500mm＋顶层锚固总长度 l_{aE}－90°差值

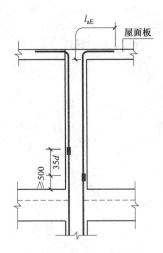

图 3-45　顶层暗柱（机械或焊接连接）

短筋长度=顶层层高-顶层板厚-500mm-35d+顶层锚固总长度l_{aE}-90°差值

【例 3-1】某二级抗震剪力墙中墙身顶层竖向分布筋，钢筋直径为 ϕ32（HRB400 级钢筋），混凝土强度等级为 C35。采用机械连接，其层高为 3.2m，屋面板厚 150mm，试计算其顶层分布钢筋的下料长度。

【解】已知 d=32mm>28mm HRB400 级钢筋

顶层室内净高=层高-屋面板厚度=3.2m-0.15m=3.05m

C35 时的锚固值 l_{aE}=40d，HRB400 级框架顶层节点 90°外皮差值为 4.648d，代入公式：

长筋=顶层室内净高+l_{aE}-500mm-90°外皮差值

=3.05m+40×0.32m-0.5m-4.648×0.032m

=3.69m

短筋=顶层室内净高+l_{aE}-500mm-35d-90°外皮差值

=3.05m+40×0.032m-0.5m-35×0.032m-4.648×0.032m

=2.57m

14. 变截面处剪力墙竖向钢筋如何翻样？

（1）绑扎搭接。当采用绑扎搭接接头时，剪力墙柱变截面纵筋的锚固形式如图 3-46 所示。

1）一边截断

长纵筋长度=层高-保护层厚度+弯折（墙厚-2×保护层厚度）

短纵筋长度=层高-保护层厚度-1.2l_{aE}-

500+弯折（墙厚-2×保护层厚度）

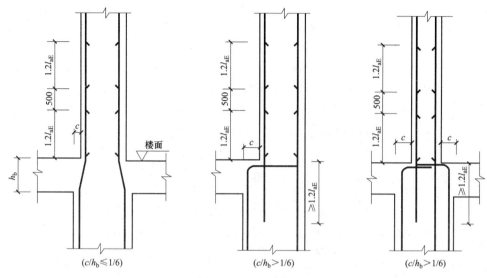

图 3-46　变截面钢筋绑扎连接

仅墙柱的身一侧插筋，数量为墙柱的一半。

$$长插筋长度 = 1.2l_{aE} + 2.4l_{aE} + 500$$

$$短插筋长度 = 1.2l_{aE} + 1.2l_{aE}$$

2）两边截断

长纵筋长度 = 层高 − 保护层厚度 + 弯折（墙厚 − c − 2×保护层厚度）

短纵筋长度 = 层高 − 保护层厚度 − 1.2l_{aE} − 500 + 弯折（墙厚 − c − 2×保护层厚度）

上层墙柱全部插筋：

$$长插筋长度 = 1.2l_{aE} + 2.4l_{aE} + 500$$

$$短插筋长度 = 1.2l_{aE} + 1.2l_{aE}$$

变截面层箍筋 = (2.4l_{aE} + 500)/min(5d, 100) + 1 + (层高 − 2.4l_{aE} − 500)/箍筋间距

变截面层拉箍筋数量 = 变截面层箍筋数量×拉筋水平排数

15. 洞口连梁钢筋（墙肢较短）如何翻样？

中间层洞口连梁［图 3-30（a）］钢筋计算公式：

$$连梁纵筋长度 = 左锚固长度 + 洞口长度 + 右锚固长度 \tag{3-1}$$

$$箍筋根数 = \frac{洞口宽度 - 2 \times 50mm}{间距} + 1 \tag{3-2}$$

顶层洞口连梁钢筋计算公式：

$$连梁纵筋长度 = 左锚固长度 + 洞口长度 + 右锚固长度 \tag{3-3}$$

箍筋根数=左墙肢内箍筋根数+洞口上箍筋根数+右墙肢内箍筋根数

$$=\frac{左侧锚固水平段长度-100mm}{150mm}+1+\frac{洞口宽度-2\times50mm}{间距}+1$$

$$+\frac{右侧锚固水平段长度-100mm}{150mm}+1 \tag{3-4}$$

16. 单洞口连梁钢筋（单跨）如何翻样？

中间层洞口连梁［图3-30（b）］钢筋计算公式：

$$连梁纵筋长度=左锚固长度+洞口长度+右锚固长度 \tag{3-5}$$

$$箍筋根数=\frac{洞口宽度-2\times50mm}{间距}+1 \tag{3-6}$$

顶层洞口连梁钢筋计算公式：

$$连梁纵筋长度=左锚固长度+洞口长度+右锚固长度 \tag{3-7}$$

箍筋根数=左墙肢内箍筋根数+洞口上箍筋根数+右墙肢内箍筋根数

$$=\frac{左侧锚固水平段长度-100mm}{150mm}+1+\frac{洞口宽度-2\times50mm}{间距}+1$$

$$+\frac{右侧锚固水平段长度-100mm}{150mm}+1 \tag{3-8}$$

17. 双洞口连梁钢筋（双跨）如何翻样？

中间层双洞口连梁钢筋［图3-30（c）］计算公式：

$$连梁纵筋长度=左锚固长度+两洞口宽度+洞口墙宽度+右锚固长度 \tag{3-9}$$

$$箍筋根数=\frac{洞口1宽度-2\times50mm}{间距}+1+\frac{洞口2宽度-2\times50mm}{间距}+1 \tag{3-10}$$

顶层双洞口连梁钢筋计算公式：

$$连梁纵筋长度=左锚固长度+两洞口宽度+洞间墙宽度+右锚固长度 \tag{3-11}$$

$$箍筋根数=\frac{左锚固长度-100mm}{150mm}+1+\frac{两洞口宽度+洞间墙-2\times50mm}{间距}+1+$$

$$\frac{右锚固长度-100mm}{150mm}+1 \tag{3-12}$$

4 梁钢筋翻样与下料

梁，是指在建筑工程中，一般承受的外力以横向力为主，且杆件变形以弯曲为主要变形的杆件。

梁的平法施工图，可用平面注写或截面注写两种方式表达。梁平面布置图，应分别按梁的不同结构层（标准层），将与其相关联的柱、墙、板一起采用适当比例绘制。

在梁平法施工图中，应结构层的顶面标高及相应的结构层号。对于轴线未居中的梁，应标注其偏心定位尺寸（贴柱边的梁可不注）。

4.1 梁构件平法识图

1. 梁的平面布置图如何用平法表示？

设计梁平法施工图的第一步，是按梁的标准层绘制梁平面布置图，设计者可以采用平面注写方式或截面注写方式，直接在梁平面布置图上表达梁的设计信息，一个梁标准层的全部设计内容可在一张图纸上全部表达清楚。实际应用时，以平面注写方式为主，截面注写方式为辅。

在梁平法施工图中，要求放入结构层楼面标高及层高表，以便明确指明本图所表达梁标准层所在层数，以及提供梁顶面相对标高高差的基准标高。

除注明单位者外，梁平法施工图中标注的尺寸以毫米为单位，标高以米为单位。

梁平面注写方式如图4-1所示，梁截面注写方式如图4-2所示。两图表达了完全相同的内容，显然平面注写方式更为简捷。

2. 梁的平面注写方式包括哪些标注形式？

平面注写包括集中标注与原位标注，集中标注表达梁的通用数值，原位标注表达梁的特殊数值。当集中标注中的某项数值不适用于梁的某部位时，则将该项数值原位标注，施工时，原位标注取值优先。下面分别介绍两种标注形式：

（1）集中标注。集中标注内容主要表达通用于梁各跨的设计数值，通常包括五项必注内容和一项选注内容。集中标注从梁中任一跨引出，将其需要集中标

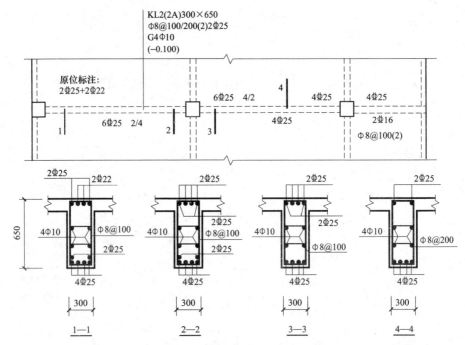

图4-1　梁构件平面注写方式示意

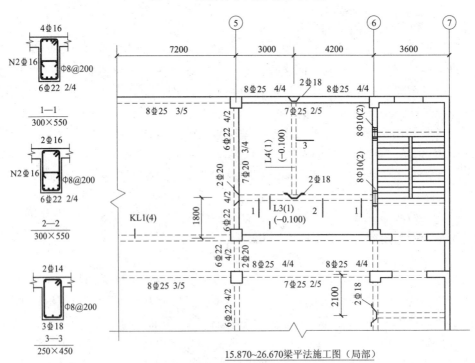

15.870~26.670梁平法施工图（局部）

图4-2　梁构件截面注写方式示意

注的全部内容注明。

1）梁编号。梁编号由梁类型代号、序号、跨数及有无悬挑代号几项组成。梁类型与相应的编号见表4-1。该项为必注值。

表4-1 梁 编 号

梁类型	代号	序号	跨数及是否带有悬挑
楼层框架梁	KL	××	（××）、（××A）或（××B）
楼层框架扁梁	KBL	××	（××）、（××A）或（××B）
屋面框架梁	WKL	××	（××）、（××A）或（××B）
非框架梁	L	××	（××）、（××A）或（××B）
托柱转换梁	TZL	××	（××）、（××A）或（××B）
框支梁	KZL	××	（××）、（××A）或（××B）
悬挑梁	XL	××	（××）、（××A）或（××B）
井字梁	JZL	××	（××）、（××A）或（××B）

注：1. （××A）为一端有悬挑，（××B）为两端有悬挑，悬挑不计入跨数。井字梁的跨数见有关内容。

2. 楼层框架扁梁节点核心区代号KBH。

3. 非框架梁L、井字梁JZL表示端支座为铰接；当非框架梁L、井字梁JZL端支座上部纵筋为充分利用钢筋的抗拉强度时，在梁代号后加"g"。

2）梁截面尺寸。截面尺寸的标注方法如下：

a. 当为等截面梁时，用 $b×h$ 表示。

b. 当为竖向加腋梁时，用 $b×h$ Y$c_1×c_2$ 表示，其中 c_1 表示腋长，c_2 表示腋高，如图4-3所示。

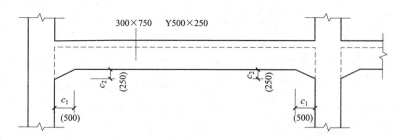

图4-3 竖向加腋梁标注

c. 当为水平加腋梁时，用 $b×h$ PY$c_1×c_2$ 表示，其中 c_1 表示腋长，c_2 表示腋宽，如图4-4所示。

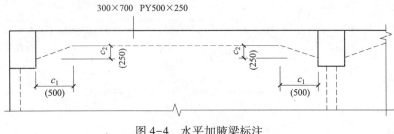

图 4-4　水平加腋梁标注

　　d. 当有悬挑梁且根部和端部的高度不同时，用斜线分隔根部与端部的高度值，即为 $b{\times}h_1/h_2$，其中 h_1 为梁根部高度值，h_2 为梁端部高度值，如图 4-5 所示。

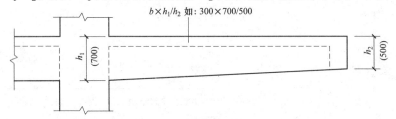

图 4-5　悬挑梁不等高截面标注

　　3）梁箍筋。梁箍筋注写包括钢筋级别、直径、加密区与非加密区间距及肢数，该项为必注值。箍筋加密区与非加密区的不同间距及肢数需用斜线 "/" 分隔；当梁箍筋为同一种间距及肢数时，则不需用斜线；当加密区与非加密区的箍筋肢数相同时，则将肢数注写一次；箍筋肢数应写在括号内。加密区范围见相应抗震等级的标准构造详图。

　　非框架梁、悬挑梁、井字梁采用不同的箍筋间距与肢数时，也用斜线 "/" 将其分隔开来。注写时，先注写梁支座端部的箍筋（包括箍筋的箍数、钢筋级别、直径、间距与肢数），在斜线后注写梁跨中部分的箍筋间距及肢数。

　　4）梁上部通长筋或架立筋。梁构件的上部通长筋或架立筋配置（通长筋可为相同或不同直径采用搭接连接、机械连接或焊接连接的钢筋），所注规格与根数应根据结构受力要求及箍筋肢数等构造要求而定。当同排纵筋中既有通长筋又有架立筋时，应用加号 "+" 将通长筋和架立筋相连。注写时需将角部纵筋写在加号的前面，架立筋写在加号后面的括号内，以示不同直径及与通长筋的区别。当全部采用架立筋时，则将其写入括号内。

　　5）梁侧面纵向构造钢筋或受扭钢筋配置。当梁腹板高度 $h_w \geqslant 450\text{mm}$ 时，需配置纵向构造钢筋，所注规格与根数应符合规范规定。此项注写值以大写字母 G 打头，接续注写设置在梁两个侧面的总配筋值，且对称配置。

　　a. 梁侧面需配置受扭纵向钢筋时，此项注写值以大写字母 N 打头，接续注写配置在梁两个侧面的总配筋值，且对称配置。受扭纵向钢筋应满足梁侧面纵向构造钢筋的间距要求，且不再重复配置纵向构造钢筋。

b. 梁侧面构造钢筋搭接与锚固长度可取为 $15d$。

c. 梁侧面受扭纵向钢筋的搭接长度为 l_l 或 l_{lE}，锚固长度为 l_a 或 l_{aE}，且锚固方式同框架梁下部纵筋。

6）梁顶面标高高差。梁顶面标高高差，系指相对于结构层楼面标高的高差值，对于位于结构夹层的梁，则指相对于结构夹层楼面标高的高差。有高差时，需将其写入括号内，无高差时不注。

当某梁的顶面高于所在结构层的楼面标高时，其标高高差为正值，反之为负值。

（2）原位标注。原位标注的内容主要是表达梁本跨内的设计数值以及修正集中标注内容中不适用于本跨的内容。

1）梁支座上部纵筋。梁支座上部纵筋，是指标注该部位含通长筋在内的所有纵筋。

a. 当上部纵筋多于一排时，用斜线"/"将各排纵筋自上而下分开。

b. 当同排纵筋有两种直径时，用"+"将两种直径的纵筋相连，注写时角筋写在前面。

c. 当梁中间支座两边的上部纵筋不同时，需在支座两边分别标注；当梁中间支座两边的上部纵筋相同时，可仅在支座的一边标注配筋值，另一边省去不注，如图4-6所示。

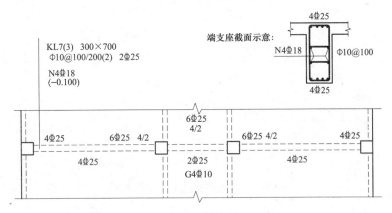

图 4-6 梁中间支座两边的上部纵筋不同注写方式

2）梁下部纵筋。

a. 当下部纵筋多于一排时，用斜线"/"将各排纵筋自上而下分开。

b. 当同排纵筋有两种直径时，用加号"+"将两种直径的纵筋相连，注写时角筋写在前面。

　　c. 当梁下部纵筋不全部伸入支座时,将梁支座下部纵筋减少的数量写在括号内。

　　d. 当梁的集中标注中已分别注写了梁上部和下部均为通长的纵筋值时,则不需在梁下部重复做原位标注。

　　e. 当梁设置竖向加腋时,加腋部位下部斜纵筋应在支座下部以 Y 打头注写在括号内 (图4-7),本图集中框架梁竖向加腋结构适用于加腋部位参与框架梁计算,其他情况设计者应另行给出构造。当梁设置水平加腋时,水平加腋内上、下部斜纵筋应在加腋支座上部以 Y 打头注写在括号内,上下部斜纵筋之间用"/"分隔 (图4-8)。

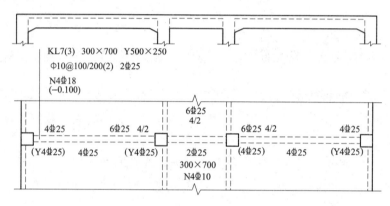

图 4-7　梁加腋平面注写方式

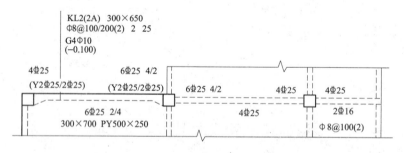

图 4-8　梁水平加腋平面注写方式

　　3) 修正内容。当在梁上集中标注的内容(即梁截面尺寸、箍筋、上部通长筋或架立筋,梁侧面纵向构造钢筋或受扭纵向钢筋,以及梁顶面标高高差中的某一项或几项数值)不适用于某跨或某悬挑部分时,则将其不同数值原位标注在该跨或该悬挑部位,施工时应按原位标注数值取用。

　　当在多跨梁的集中标注中已注明加腋,而该梁某跨的根部却不需要加腋时,则应在该跨原位标注等截面的 $b \times h$，以修正集中标注中的加腋信息（图4-7）。

4）附加箍筋或吊筋。平法标注是将其直接画在平面图中的主梁上，用线引注总配筋值（附加箍筋的肢数注在括号内）（图4-9）。当多数附加箍筋或吊筋相同时，可在梁平法施工图上统一注明，少数与统一注明值不同时，再原位引注。

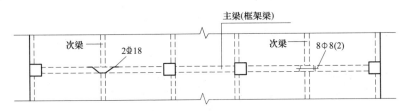

图4-9　附加箍筋和吊筋的画法示例

3. 如何区分屋面框架梁和楼层框架梁？

"屋面框架梁"与"楼层框架梁"的最大区别，就在于对"顶梁边柱"节点构造的处理。看一根梁到底是不是屋面框架梁，不能只看它的名称，而要看它的实际位置——是不是在"屋面"上。

例如：一个具有"高低跨屋面"的建筑，对于低跨屋面的某些框架梁，它也许半截在低跨的屋面上，要按"屋面框架梁"来处理，另外半截在属于高跨区域的中间楼层，要按"楼层框架梁"来处理，这时如果把整个梁定义为"WKL"显然是不合适的，还不如把框架梁统一命名为"KL"，然而它哪一部分是"屋面框架梁"、哪一部分是"楼层框架梁"，则要具体问题具体分析，按照该框架梁的具体位置来判断。

4. 什么情况下梁需要标注架立筋？

"架立筋"就是把箍筋架立起来所需要的贯穿箍筋角部的纵向构造钢筋。

若该梁的箍筋是"双肢箍"，则两根上部通长筋已经充当架立筋，因此就不需要再另加"架立筋"了。因此，对于"双肢箍"的梁来说，上部纵筋的集中标注"2Φ25"这种形式就完全足够了。

然而，当该梁的箍筋为"四肢箍"时，集中标注的上部钢筋就不能标注为"2Φ25"这种形式，必须把"架立筋"也标注上，这时的上部纵筋应该标注成"2Φ25+（2Φ12）"这种形式，圆括号里面的钢筋为架立筋。

综上所述，只有在箍筋肢数多于上部通长筋的根数时，才需要配置架立筋。

5. 框架扁梁的注写规则有哪些？

（1）框架扁梁注写规则同框架梁，对于上部纵筋和下部纵筋，尚需注明未穿过柱截面的纵向受力钢筋根数（图4-10）。

（2）框架扁梁节点核心区代号为KBH，包括柱内核心区和柱外核心区两部

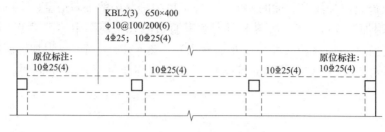

图 4-10　平面注写方式示例

分。框架扁梁节点核心区钢筋注写包括柱外核心区竖向拉筋及节点核心区附加纵向钢筋，端支座节点核心区尚需注写附加 U 形箍筋。

柱内核心区箍筋见框架柱箍筋。

柱外核心区竖向拉筋，注写其钢筋级别与直径；端支座柱外核心区尚需注写附加 U 形箍筋的钢筋级别、直径及根数。

框架扁梁节点核心区附加纵向钢筋以大写字母"F"打头，注写其设置方向（X 向或 Y 向）、层数、每层的钢筋根数、钢筋级别、直径及未穿过柱截面的纵向受力钢筋根数。

设计、施工时应注意：

1）柱外核心区竖向拉筋在梁纵向钢筋两向交叉位置均布置，当布置方式与图集要求不一致时，设计应另行绘制详图。

2）框架扁梁端支座节点，柱外核心区设置 U 形箍筋及竖向拉筋时，在 U 形箍筋与位于柱外的梁纵向钢筋交叉位置均布置竖向拉筋。当布置方式与图集要求不一致时，设计应另行绘制详图。

3）附加纵向钢筋应与竖向拉筋相互绑扎。

6. 什么是井字梁？

井字梁通常由非框架梁构成，并以框架梁为支座（特殊情况下以专门设置的非框架大梁为支座）。在此情况下，为明确区分井字梁与作为井字梁支座的梁，井字梁用单粗虚线表示（当井字梁顶面高出板面时可用单粗实线表示），作为井字梁支座的梁用双细虚线表示（当梁顶面高出板面时可用双细实线表示）。

井字梁系指在同一矩形平面内相互正交所组成的结构构件，井字梁所分布范围称为"矩形平面网格区域"（简称"网格区域"）。当在结构平面布置中仅有由四根框架梁框起的一片网格区域时，所有在该区域相互正交的井字梁均为单跨；当有多片网格区域相连时，贯通多片网格区域的井字梁为多跨，且相邻两片网格区域分界处即为该井字梁的中间支座。对某根井字梁编号时，其跨数为其总支座数减 1；在该梁的任意两个支座之间，无论有几根同类梁与其相交，均不作为支座（图 4-11）。

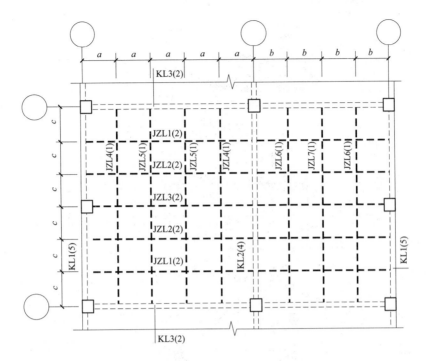

图 4-11　井字梁矩形平面网格区域

7. 井字梁与一般梁的注写方式有什么不同?

除了一般梁的平面注写方式（集中标注和原位标注）之外，对于井字梁的注写，设计者还应注明纵横两个方向梁相交处同一层面钢筋的上下交错关系（指梁上部或下部的同层面交错钢筋何梁在上何梁在下），以及在该相交处两方向梁箍筋的布置要求。

端部支座和中间支座上部纵筋的伸出长度 a_0 应由设计者在原位加注具体数值予以注明。

当采用平面注写方式时，则在原位标注的支座上部纵筋后面括号内加注具体伸出长度值（图 4-12）；当为截面注写方式时，则在梁端截面配筋图上注写的上部纵筋后面括号内加注具体伸出长度值（图 4-13）。

设计时应注意，当井字梁连续设置在两片或多排网格区域时，才具有上面提及的井字梁中间支座。当某根井字梁端支座与其所在网格区域之外的非框架梁相连时，该位置上部钢筋的连续布置方式需由设计者注明。

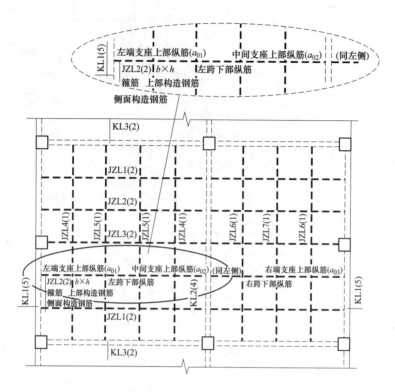

图 4-12 井字梁平面注写方式示例

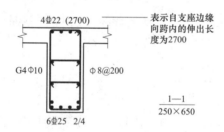

图 4-13 井字梁截面注写方式示例

4.2 梁钢筋翻样与下料

1. 楼层框架梁纵向钢筋构造是如何规定的?

楼层框架梁纵向钢筋构造如图 4-14 所示。计算翻样时应注意以下几点:

（1）端支座和中间支座上部非通长纵筋。框架梁端部或中间支座上部非通

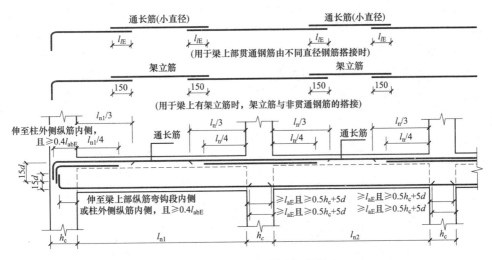

图 4-14 楼层框架梁纵向钢筋构造

长纵筋自柱边算起,其长度统一取值如下:

1)非贯通纵筋位于第一排时为 $l_n/3$。

2)非贯通纵筋位于第二排时为 $l_n/4$。

3)若由多于三排的非通长钢筋设计,则依据设计确定具体的截断位置。

4)l_n 取值:端支座处,l_n 取值为本跨净跨值,中间支座处,l_n 取值为左右两跨梁净跨值的较大值。

(2)上部通长筋。当跨中通长钢筋直径小于梁支座上部纵筋时,通常钢筋分别与梁两端支座上部纵筋搭接,搭接长度为 l_{lE},且按 100% 接头面积百分率计算搭接长度。

当通长钢筋直径与梁端上部纵筋相同时,将梁端支座上部纵筋中按通长筋的根数延伸至跨中 1/3 净跨范围内交错搭接、机械连接或者焊接。当采用搭接连接时,搭接长度为 l_{lE},且当做同一连接区段时按 100% 搭接接头面积百分率计算搭接长度,当不在同一区段内时,按 50% 搭接接头面积百分率计算搭接长度。

当框架梁设置箍筋的肢数多于 2 根,且当跨中通长钢筋仅为 2 根时,补充设计的架立钢筋与非贯通钢筋的搭接长度为 150mm。

(3)上、下部纵筋在端支座锚固要求。

1)直锚锚固。楼层框架梁中,当(柱截面宽度 h_c-柱保护层 c)≥纵向受力钢筋的最小锚固长度时,纵筋在端支座直锚,直锚长度为 max(l_{aE}, $0.5h_c$+$5d$),如图 4-15 所示。

2)弯锚锚固。当柱截面沿框架方向的高度 h_c 比较小,即(h_c-c)<纵向受力

钢筋的最小锚固长度时，纵筋在端支座应采用弯锚形式。纵筋伸至柱截面外侧钢筋的内侧，再向下弯折 $15d$，水平长度大于或等于 $0.4l_{abE}$。

3）锚头/锚板锚固。楼层框架梁中，纵筋在端支座可以采用加锚头/锚板锚固形式。锚头/锚板伸至柱截面外侧纵筋的内侧，且锚入水平长度取值大于或等于 $0.4l_{abE}$，如图 4-16 所示。

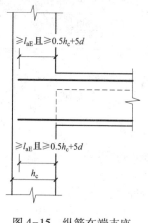

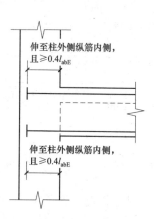

图 4-15　纵筋在端支座
直锚构造

图 4-16　纵筋在端支座
加锚头/锚板构造

（4）下部纵筋在中间支座的锚固和连接。框架梁下部纵筋在中间支座的锚固要求纵筋伸入中间支座的锚固长度取值为 max（l_{aE}，$0.5h_c+5d$）。弯折锚入的纵筋与同排纵筋净距不应小于 25mm。

框架梁下部纵筋可贯通中柱支座。在内力较小的位置连接，连接范围为抗震箍筋加密区以外至柱边缘 $l_n/3$ 位置（l_n 为梁净跨长度值），钢筋连接接头百分率不应大于 50%。

（5）下部纵筋在中间支座节点外搭接。框架梁下部纵筋不能在柱内锚固时，可在节点外搭接，如图 4-17 所示。相邻跨钢筋直径不同时，搭接位置位于较小直径的一跨。

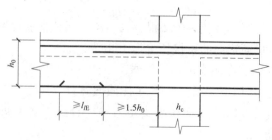

图 4-17　中间层中间节点梁下部筋在节点外搭接构造

2. 楼层框架梁上下部通长筋钢筋如何翻样计算?

(1) 两端端支座均为直锚。两端端支座均为直锚钢筋构造,如图 4-18 所示。

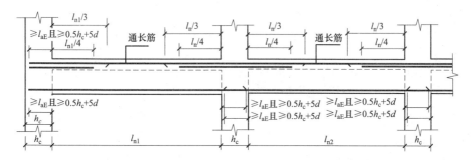

图 4-18 纵筋在端支座直锚

$$上、下部通长筋长度 = 通跨净长\ l_n + 左\ \max(l_{aE}, 0.5h_c + 5d) +$$
$$右\ \max(l_{aE}, 0.5h_c + 5d)$$

(2) 两端端支座均为弯锚。两端端支座均为弯锚钢筋构造,如图 4-19 所示。

$$上、下部通长筋长度 = 梁长 - 2 \times 保护层厚度 + 15d\ 左 + 15d\ 右$$

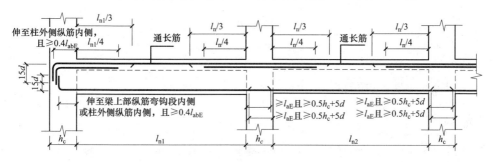

图 4-19 纵筋在端支座弯锚构造

(3) 端支座一端直锚一端弯锚。端支座一端直锚、一端弯锚钢筋构造如图 4-20 所示。

$$上、下部通长筋长度 = 通跨净长\ l_n + 左\ \max(l_{aE}, 0.5h_c + 5d) +$$
$$右\ h_c - 保护层厚度 + 15d$$

3. 楼层框架梁支座负筋钢筋如何下料计算?

(1) 中间支座负筋。

1) 第一排中间支座负筋。图 4-21 所示为第一排中间支座负筋的示意图,其下料尺寸公式如下:

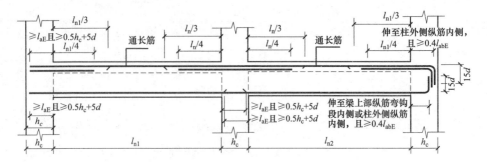

图 4-20　纵筋在端支座直锚和弯锚构造

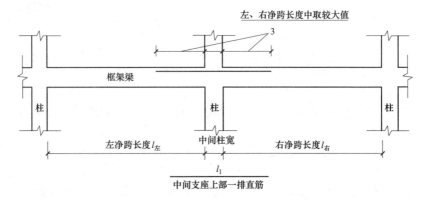

图 4-21　第一排中间支座负筋

设：左净跨长度=$l_{左}$，右净跨长度=$l_{右}$

$$l_1 = 2 \times \max(l_{左}, l_{右})/3 + 中间柱宽 \qquad (4-1)$$

【例 4-1】已知某框架连续梁中间支座上部第一排直筋直径 $d=25\text{mm}$，左跨净长度（柱与柱之间的净宽）是 6m，右跨净长度（柱与柱之间的净长度）为 6.5m，中间柱宽为 0.4m，求此钢筋下料长度。

【解】根据公式 $l_1 = 2 \times \max(l_{左}, l_{右})/3 + 中间柱宽$，得：

$$l_1 = 2 \times 6.5/3\text{m} + 0.4\text{m} \approx 4.7\text{m}$$

2) 第二排中间支座负筋。如图 4-22 所示为第二排中间支座负筋的示意图，下料尺寸计算与第一排中间支座负筋基本一样，公式如下：

$$l_2 = 2 \times \max(l_{左}, l_{右})/4 + 中间柱宽 \qquad (4-2)$$

【例 4-2】已知某框架连续梁第二排直筋直径 $d=28\text{mm}$，左跨净长度（柱与柱之间的净宽）为 5.4m，右跨净长度（柱与柱之间的净长度）为 6m，中间柱宽为 0.4m，求此钢筋下料长度。

【解】根据公式 $l_2 = 2 \times \max(l_{左}, l_{右})/4 + 中间柱宽$，得：

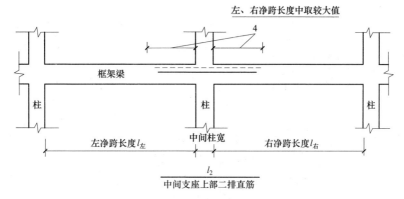

图 4-22 第二排中间支座负筋

$$l_2 = 2 \times 6 / 4 m + 0.4 m = 3.4 m$$

（2）端支座负筋。

1）第一排端支座负筋。图 4-23 所示为第一排端支座负筋的示意图，其下料尺寸公式如下：

$$l_1 = l_n / 3 + 边柱宽 - 柱保护层厚度 c + 15d \quad\quad (4-3)$$

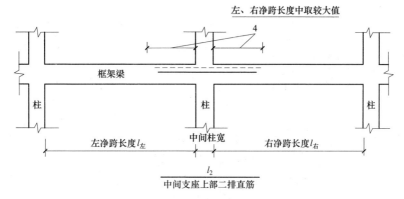

图 4-23 第一排端支座负筋

2）第二排端支座负筋。图 4-24 所示为第二排端支座负筋的示意图，下料尺寸计算与第一排端支座负筋基本一样，公式如下：

$$l_2 = l_n / 3 + 边柱宽 - 柱保护层厚度 c + 15d \quad\quad (4-4)$$

4. 框架梁箍筋加密区是如何规定的？

楼层框架梁、屋面框架梁箍筋加密范围有两种构造，如图 4-25 所示。

箍筋加密区范围根据尽端构件不同可分为两类。

（1）尽端为柱。

1）梁支座附近设箍筋加密区，当框架梁抗震等级为一级时，加密区长度大于或等于 $2.0h_b$ 且大于或等于 500mm；当框架梁抗震等级为二至四级时，加密区长度大于或等于 $2.0h_b$ 且大于或等于 500mm（h_b 为梁截面宽度）。

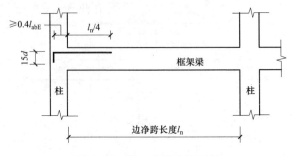

图 4-24　第二排端支座负筋

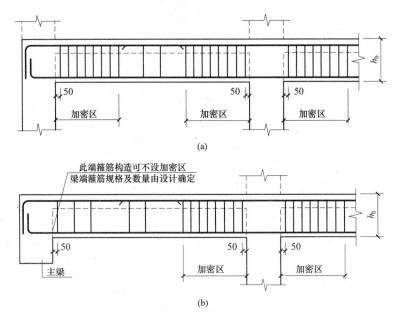

图 4-25　箍筋加密区范围

（a）尽端为柱；（b）尽端为梁

2）第一个箍筋在距支座边缘 50mm 处开始设置。

3）弧形梁沿中心线展开，箍筋间距沿凸面线量度。

4）当箍筋为复合箍时，应采用大箍套小箍的形式。

（2）尽端为梁。

1）梁支座附近设箍筋加密区，当框架梁抗震等级为一级时，加密区长度大于或等于 $2.0h_b$ 且大于或等于 500mm；当框架梁抗震等级为二至四级时，加密区长度大于或等于 $2.0h_b$ 且大于或等于 500mm（h_b 为梁截面宽度）。但尽端主梁附近箍筋可不设加密区，其规格及数量由设计确定。

2）第一个箍筋在距支座边缘 50mm 处开始设置。

3）弧形梁沿中心线展开，箍筋间距沿凸面线量度。

4）当箍筋为复合箍时，应采用大箍套小箍的形式。

5. 框架梁箍筋如何翻样？

以尽端为柱时的框架梁箍筋构造为例，箍筋翻样方法如下所示：

（1）一级抗震。

箍筋加密区长度 $l_1 = \max(2.0h_b, 500\text{mm})$

箍筋根数 $= 2 \times [(l_1 - 50\text{mm})/加密区间距 + 1] + (l_n - l_1)/非加密区间距 - 1$

（2）二～四级抗震。

箍筋加密区长度 $l_2 = \max(1.5h_b, 500\text{mm})$

箍筋根数 $= 2 \times [(l_2 - 50\text{mm})/加密区间距 + 1] + (l_n - l_2)/非加密区间距 - 1$

箍筋预算长度 $= (b+h) \times 2 - 8 \times c + 2 \times 1.9d + \max(10d, 75\text{mm}) \times 2 + 8d$

箍筋下料长度 $= (b+h) \times 2 - 8 \times c + 2 \times 1.9d + \max(10d, 75\text{mm}) \times 2 + 8d - 3 \times 1.75d$

内箍预算长度 $= \{[(b - 2 \times c)/n - 1] \times j + D\} \times 2 + 2 \times (h - c) + 2 \times 1.9d + \max(10d, 75\text{mm}) \times 2 + 8d$

内箍下料长度 $= \{[(b - 2 \times c)/n - 1] \times j + D\} \times 2 + 2 \times (h - c) + 2 \times 1.9d + \max(10d, 75\text{mm}) \times 2 + 8d - 3 \times 1.75d$

式中 b——梁宽度，mm；

       h——梁高度，mm；

       c——混凝土保护层厚度，mm；

       d——箍筋直径，mm；

       n——纵筋根数；

       D——纵筋直径，mm；

       j——梁内箍包含的主筋孔数，$j = $ 内箍内梁纵筋数量 -1。

6. 附加吊筋如何下料？

（1）计算尺寸，如图 4-26 所示。

$$L_1 = 20d \qquad (4\text{-}5)$$

$$L_2 = (梁高 h - 2 \times 梁筋保护层厚)/\sin\alpha$$

$$(4\text{-}6)$$

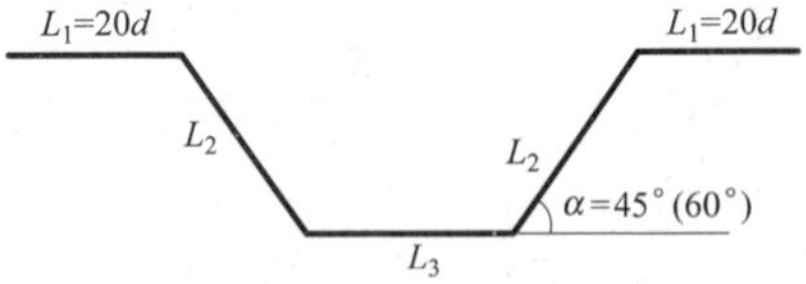

图 4-26 吊筋计算尺寸

$$L_3 = 100\text{mm} + b \qquad (4\text{-}7)$$

（2）下料长度。

$$L = L_1 + L_2 + L_3 - 4 \times 45°(60°) 差值 \qquad (4\text{-}8)$$

7. 框架梁加腋构造有哪几种情况？

框架梁加腋构造可分为水平加腋和竖向加腋两种构造。

（1）水平加腋构造。框架梁水平加腋构造如图4-27所示。

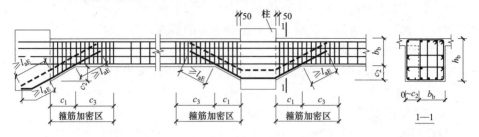

图4-27　框架梁水平加腋构造

图4-27中，当梁结构平法施工图中，水平加腋部位的配筋设计未给出时，其梁腋上下部斜纵筋（仅设置第一排）直径分别同梁内上下纵筋，水平间距不宜大于200mm；水平加腋部位侧面纵向构造钢筋的设置及构造要求同抗震楼层框架梁的要求。

图中 c_3 按下列规定取值：

1）抗震等级为一级：$\geq 2.0h_b$ 且 ≥ 500mm；

2）抗震等级为二~四级：$\geq 1.5h_b$ 且 ≥ 500mm。

（2）竖向加腋构造。框架梁竖向加腋构造如图4-28所示。

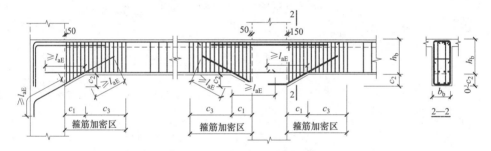

图4-28　框架梁竖向加腋构造

框架梁竖向加腋构造适用于加腋部分，参与框架梁计算，配筋由设计标注。图中 c_3 的取值同水平加腋构造。

8. 框支梁钢筋如何翻样？

框支梁钢筋构造如图4-29所示。

框支梁上部纵筋长度＝梁总长－2×保护层厚度＋2×梁高 h＋$2\times l_{aE}$

当框支梁下部纵筋为直锚时：

框支梁下部纵筋长度＝梁跨净长 l_n＋左 $\max(l_{aE},0.5h_c+5d)$＋

右 $\max(l_{aE},0.5h_c+5d)$

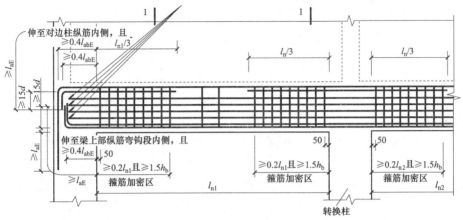

图 4-29 框支梁钢筋构造

当框支梁下部纵筋不为直锚时：

框支梁下部纵筋长度=梁总长－2×保护层厚度+2×15d

框支梁箍筋数量=2×[max(0. 2l_{n1},1. 5h_b)/加密区间距+1]+

（l_n-加密区长度)/非加密区间距-1

框支梁侧面纵筋同框支梁下部纵筋。

框支梁支座负筋=max(l_{n1}/3,l_{n2}/3)+支座宽(第二排同第一排)

5 板钢筋翻样与下料

现浇混凝土板一般不参与抗震。板是在两个方向（长宽）尺寸很大，而在另一方向上（厚度）尺寸相对较小的构件，主要承受垂直于板面荷载作用。板在厚度（高度）方向没有配筋；钢筋沿长宽方向布置；并且多集中在板的顶面或底面，以承受荷载引起的弯矩，是典型的受弯构件。

5.1 板构件平法识图

1. 板有哪些种类？钢筋配置有哪些关系？

（1）板的种类。

1）按施工方法来分。

板可分为"现浇板"和"预制板"两种。预制板又可以分为"平板""空心板""槽形板""大型屋面板"等。当然，现在的民用建筑已经大量采用现浇板，很少采用预制板了。

2）按板的力学特征来分。

板可分为有"悬臂板"和"楼板"两种。"悬臂板"是一面支承的板。挑檐板、阳台板、雨篷板等都是悬臂板。我们讨论的"楼板"是两面支承或四面支承的板，无论它是铰接的还是刚接的，是单跨的还是连续的。

3）按配筋特点来分。

a. 楼板的配筋分为"单向板"和"双向板"两种。"单向板"在一个方向上布置"主筋"，在其另一个方向上布置"分布筋"。"双向板"在两个互相垂直的方向上都布置"主筋"（使用较广泛）。另外，配筋的方式分为"单层布筋"和"双层布筋"两种。楼板的"单层布筋"是指在板的下部布置贯通纵筋，在板的周边布置"扣筋"（即非贯通纵筋）。楼板的"双层布筋"是指板的上部和下部都布置贯通纵筋。

b. 悬挑板为"单向板"，布筋方向与悬挑方向一致。

（2）不同种类板的钢筋配置。

1）楼板的下部钢筋。

"双向板"：在两个受力方向上都布置贯通纵筋。

"单向板"：在受力方向上布置贯通纵筋，在其另一个方向上布置分布筋。

在实际工程中，楼板一般会采用双向布筋。根据规范：

a. 板的（长边长度/短边长度）≤2.0，应按双向板计算。

b. 2.0<（长边长度/短边长度）≤3.0，宜按单向板计算。

2）楼板的上部钢筋。

"双层布筋"：设置上部贯通纵筋。

"单层布筋"：不设上部贯通纵筋，而设置上部非贯通纵筋（即扣筋）。

对于上部贯通纵筋来说，同样存在双向布筋和单向布筋的区别。对于上部非贯通纵筋（即扣筋）来说，需要布置分布筋。

3）悬挑板纵筋。顺着悬挑方向设置上部纵筋。悬挑板又可分为两种：

a. 延伸悬挑板，悬挑板的上部纵筋与相邻跨内的上部纵筋贯通布置。

b. 纯悬挑板，悬挑板的上部纵筋单独布置。

2. 什么是有梁楼盖板？

（1）定义。现浇混凝土有梁楼盖板是指以梁为支座的楼面与屋面板。

有梁楼盖板的制图规则同样适用于梁板式转换层、剪力墙结构、砌体结构、有梁地下室的楼面与屋面板的设计施工图。有梁楼盖板平法施工图，是指在楼面板和屋面板布置图上，采用平面注写的表达方式，如图 5-1 所示。板平面注写主要包括：板块集中标注和板支座原位标注。

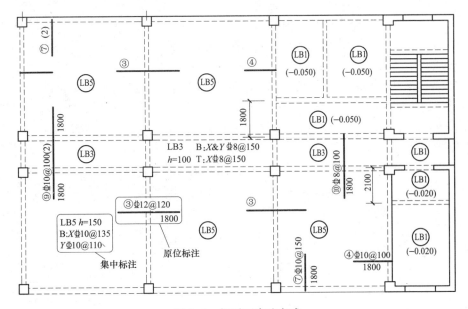

图 5-1 板平面表达方式

（2）板面结构平面的坐标方向。为方便设计表达和施工识图，规定结构平面的坐标方向为：

1）当两向轴网正交布置时，图面从左至右为 X 向，从下至上为 Y 向。

2）当轴网转折时，局部坐标方向顺轴网转折角度做相应转折。

3）当轴网向心布置时，切向为 X 向，径向为 Y 向。

此外，对于平面布置比较复杂的区域，如轴网转折交界区域、向心布置的核心区域等，其平面坐标方向应由设计者另行规定并在图上明确表示。

3. 板块集中标注包括哪些内容？

板块集中标注的主要内容包括板块编号、板厚、上部贯通纵筋，下部纵筋，以及当板面标高不同时的标高高差。

（1）板块编号。对于普通楼盖，两向均以一跨为一板块；对于密肋楼盖，两向主梁（框架梁）均以一跨为一板块（非主梁密肋不计）。所有板块应逐一编号，相同编号的板块可择其一做集中标注，其他仅注写置于圆圈内的板编号，以及当板面标高不同时的标高高差。板块编号为板代号加序号，见表 5-1。

表 5-1　　　　　　　　　　板　块　编　号

板类型	代号	序号
楼面板	LB	××
屋面板	WB	××
悬挑板	XB	××

（2）板厚。板厚为垂直于板面的厚度，用 "$h = \times\times\times$" 表示；当悬挑板的端部改变截面厚度时，用斜线分隔根部与端部的高度值，注写方式为 $h = \times\times\times/\times\times\times$；当设计已在图注中统一注明板厚时，此项可不注。

（3）纵筋。纵筋按板块的下部纵筋和上部贯通纵筋分别注写（当板块上部不设贯通纵筋时则不注），并以 B 代表下部纵筋，以 T 代表上部贯通纵筋，B&T 代表下部与上部；X 向纵筋以 X 打头，Y 向纵筋以 Y 打头，两向纵筋配置相同时则以 $X\&Y$ 打头。

当为单向板时，分布筋可不必注写，而在图中统一注明。

当在某些板内（例如悬挑板 XB 的下部）配置有构造钢筋时，则 X 向以 Xc，Y 向以 Yc 打头注写。

当 Y 向采用放射配筋时（切向为 X 向，径向为 Y 向），设计者应注明配筋间距的定位尺寸。

当纵筋采用两种规格钢筋 "隔一布一" 方式时，表达为 Φxx/yy@ ×××，表示直径为 xx 的钢筋和直径为 yy 的钢筋二者之间间距为×××，直径为 xx 的钢筋间距为×××的 2 倍，直径为 yy 的钢筋间距为×××的 2 倍。

4. 板块原位标注包括哪些内容?

（1）原位标注的内容。板支座原位标注板支座上部非贯通纵筋和悬挑板上部受力钢筋。

（2）表达方式。板支座原位标注的钢筋，应在配置相同跨的第一跨表达（当在梁悬挑部位单独配置时则在原位表达）。

在配置相同跨的第一跨（或梁悬挑部位），垂直于板支座（梁或墙）绘制一段长度适宜的中粗实线（当该筋通长设置在悬挑板或短跨板上部时，实线段应画至对边或贯通短跨），以该线段代表支座上部非贯通纵筋，并在线段上方注写钢筋编号（如①、②等）、配筋值、横向连续布置的跨数（注写在括号内，且当为一跨时可不注），以及是否横向布置到梁的悬挑端。

（3）非贯通纵筋的布置方式。板支座上部非贯通筋自支座中线向跨内的伸出长度，注写在线段的下方位置。

当中间支座上部非贯通纵筋向支座两侧对称伸出时，可仅在支座一侧线段下方标注伸出长度，另一侧不注，如图5-2所示。

当向支座两侧非对称伸出时，应分别在支座两侧线段下方注写伸出长度，如图5-3所示。

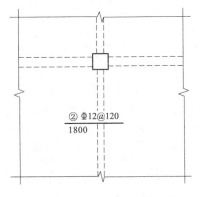

图5-2 板支座上部非贯通筋
对称伸出

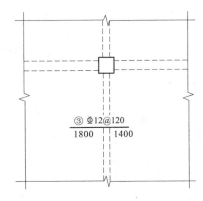

图5-3 板支座上部非贯通筋
非对称伸出

对线段画至对边贯通全跨或贯通全悬挑长度的上部通长纵筋，贯通全跨或伸出至全悬挑一侧的长度值不注，只注明非贯通筋另一侧的伸出长度值，如图5-4所示。

当板支座为弧形，支座上部非贯通纵筋呈放射状分布时，设计者应注明配筋间距的度量位置并加注"放射分布"四字，必要时应补绘平面配筋图，如图5-5所示。

关于悬挑板的注写方式如图5-6所示。当悬挑板端部厚度不小于150mm

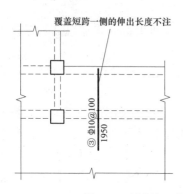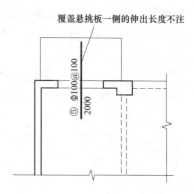

图 5-4　板支座上部非贯通筋贯通全跨或伸至悬挑端

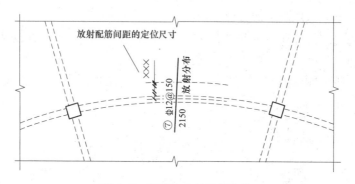

图 5-5　弧形支座处放射配筋

时，设计者应指定板端部封边构造方式，当采用 U 形钢筋封边时，还应指定 U 形钢筋的规格、直径。

　　在板平面布置图中，不同部位的板支座上部非贯通纵筋及悬挑板上部受力钢筋，可仅在一个部位注写，对其他相同者则仅需在代表钢筋的线段上注写编号及按本条规则注写横向连续布置的跨数即可。

　　此外，与板支座上部非贯通纵筋垂直且绑扎在一起的构造钢筋或分布钢筋，应由设计者在图中注明。

　　当板的上部已配置有贯通纵筋，但需增配板支座上部非贯通纵筋时，应结合已配置的同向贯通纵筋的直径与间距采取"隔一布一"方式配置。

　　"隔一布一"方式，为非贯通纵筋的标注间距与贯通纵筋相同，两者组合后的实际间距为各自标注间距的 1/2。当设定贯通纵筋为纵筋总截面面积的 50% 时，两种钢筋应取相同直径；当设定贯通纵筋大于或小于总截面面积的 50% 时，两种钢筋则取不同直径。

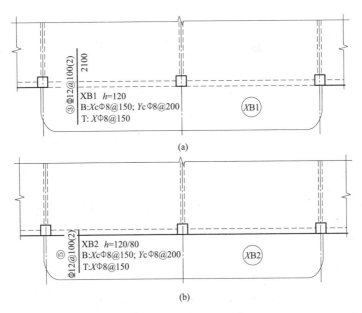

图 5-6　悬挑板支座非贯通筋

5. 什么是无梁楼盖板?

现浇混凝土无梁楼盖板是指以柱为支座的楼面与屋面板。

无梁楼盖平法施工图是在楼面板和屋面板布置图上,采用平面注写的表达方式。

板平面注写主要有两部分内容:板带集中标注、板带支座原位标注,如图 5-7 所示。

6. 板带集中标注包括哪些内容?

板带集中标注的主要内容包括:板带编号,板带厚,板带宽和贯通纵筋等几个方面。集中标注应在板带贯通纵筋配置相同跨的第一跨(X 向为左端跨,Y 向为下端跨)注写。相同编号的板带可择其一做集中标注,其他仅注写板带编号(注在圆圈内)。

(1) 板带编号。板带编号的表达形式见表 5-2。

(2) 板带厚及板带宽。板带厚注写为 h=×××,板带宽注写为 b=×××。当无梁楼盖整体厚度和板带宽度已在图中注明时,此项可不注。

(3) 贯通纵筋。贯通纵筋按板带下部和板带上部分别注写,并以 B 代表下部,T 代表上部,B&T 代表下部和上部。当采用放射配筋时,设计者应注明配筋间距的度量位置,必要时补绘配筋平面图。

当局部区域的板面标高与整体不同时,应在无梁楼盖的板平法施工图上注明板面标高高差及分布范围。

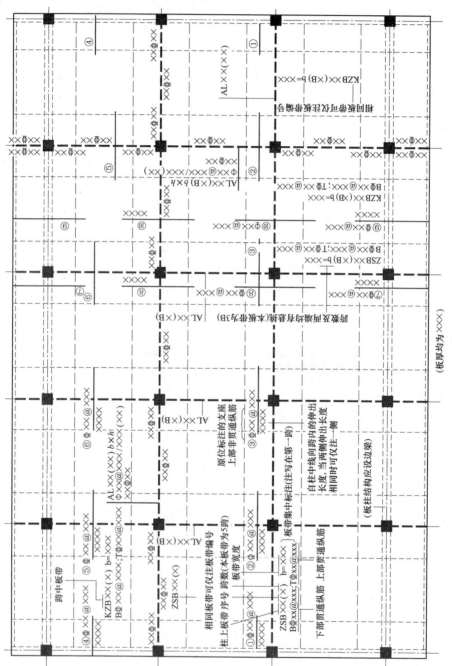

图 5-7 无梁楼盖板注写方式

表5-2　　　　　　　　　　　　　　　　板　带　编　号

板带类型	代号	序号	跨数及有无悬挑
柱上板带	ZSB	××	(××)、(××A) 或 (××B)
跨中板带	KZB	××	(××)、(××A) 或 (××B)

注：1. 跨数按柱网轴线计算（两相邻柱轴线之间为一跨）。

　　2.（××A）为一端有悬挑，（××B）为两端有悬挑，悬挑不计入跨数。

7. 板带支座原位标注包括哪些内容？

板带支座原位标注的具体内容为：板带支座上部非贯通纵筋。

以一段与板带同向的中粗实线段代表板带支座上部非贯通纵筋；对柱上板带，实线段贯穿柱上区域绘制；对跨中板带：实线段横贯柱网轴线绘制。在线段上注写钢筋编号（如①、②等）、配筋值及在线段的下方注写自支座中线向两侧跨内的伸出长度。

当板带支座非贯通纵筋自支座中线向两侧对称伸出时，其伸出长度可仅在一侧标注；当配置在有悬挑端的边柱上时，该筋伸出到悬挑尽端，设计不注。当支座上部非贯通纵筋呈放射分布时，设计者应注明配筋间距的定位位置。

不同部位的板带支座上部非贯通纵筋相同者，可仅在一个部位注写，其余则在代表非贯通纵筋的线段上注写编号。

当板带上部已经配有贯通纵筋，但需增加配置板带支座上部非贯通纵筋时，应结合已配同向贯通纵筋的直径与间距，采取"隔一布一"的方式配置。

8. 暗梁平面注写方式包括哪些内容？

暗梁平面注写包括暗梁集中标注、暗梁支座原位标注两部分内容。施工图中在柱轴线处画中粗虚线表示暗梁。

（1）暗梁集中标注。暗梁集中标注包括暗梁编号、暗梁截面尺寸（箍筋外皮宽度×板厚）、暗梁箍筋、暗梁上部通长筋或架立筋四部分内容。暗梁编号见表5-3，其他注写方式同梁构件平面注写中的集中标注方式（见第4章）。

表5-3　　　　　　　　　　　　　　　　暗　梁　编　号

构件类型	代号	序号	跨数及有无悬挑
暗梁	AL	××	(××)、(××A) 或 (××B)

注：1. 跨数按柱网轴线计算（两相邻柱轴线之间为一跨）。

　　2.（××A）为一端有悬挑，（××B）为两端有悬挑，悬挑不计入跨数。

（2）暗梁支座原位标注。暗梁支座原位标注包括梁支座上部纵筋、梁下部纵筋。当在暗梁上集中标注的内容不适用于某跨或某悬挑端时，则将其不同数值标注在该跨或该悬挑端，施工时按原位注写取值。注写方式同梁构件平面注写中的原位标注方式（见第 4 章）。

当设置暗梁时，柱上板带及跨中板带标注方式与板带集中标注和板支座原位标注的内容一致。柱上板带标注的配筋仅设置在暗梁之外的柱上板带范围内。

暗梁中纵向钢筋连接、锚固及支座上部纵筋的伸出长度等要求同轴线处柱上板带中纵向钢筋。

9. 楼板有哪些相关构造？如何编号？

楼板相关构造的平法施工图设计，是在板平法施工图上采用直接引注方式表达。楼板相关构造类型及编号，见表 5-4。

表 5-4　　　　　　　　　　　　　楼板相关构造类型与编号

构造类型	代号	序号	说　明
纵筋加强带	JQD	××	以单向加强筋取代原位置配筋
后浇带	HJD	××	有不同的留筋方式
柱帽	ZMx	××	适用于无梁楼盖
局部升降板	SJB	××	板厚及配筋所在板相同；构造升降高度小于或等于 300mm
板加腋	JY	××	腋高与腋宽可选注
板开洞	BD	××	最大边长或直径小于 1000mm；加强筋长度有全跨贯通和自洞边锚固两种
板翻边	FB	××	翻边高度小于或等于 300mm
角部加强筋	Crs	××	以上部双向非贯通加强钢筋取代原位置的非贯通配筋
悬挑板阴角附加筋	Cis	××	板悬挑阴角上部斜向附加钢筋
悬挑阳角放射筋	Ces	××	板悬挑阳角上部放射筋
抗冲切箍筋	Rh	××	通常用于无柱帽无梁楼盖的柱顶
抗冲切弯起筋	Rb	××	通常用于无柱帽无梁楼盖的柱项

10. 楼板相关构造如何表示？

（1）纵筋加强带。纵筋加强带的平面形状及定位由平面布置图表达，加强带内配置的加强贯通纵筋等由引注内容表达。

纵筋加强带设单向加强贯通纵筋，取代其所在位置板中原配置的同向贯通纵筋。根据受力需要，加强贯通纵筋可在板下部配置，也可在板下部和上部均设置。纵筋加强带的引注如图 5-8 所示。

当板下部和上部均设置加强贯通纵筋，而板带上部横向无配筋时，加强带上部横向配筋应由设计者注明。

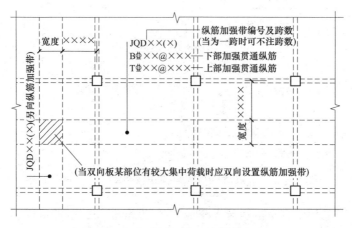

图 5-8 纵筋加强带 JQD 引注图示

当将纵筋加强带设置为暗梁形式时应注写箍筋，其引注如图 5-9 所示。

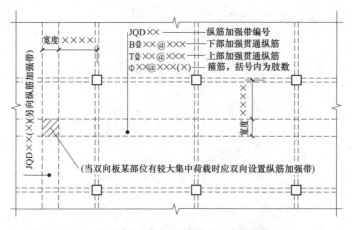

图 5-9 纵筋加强带 JQD 引注图示（暗梁形式）

（2）后浇带。后浇带的平面形状及定位由平面布置图表达，后浇带留筋方式等由引注内容表达，包括以下内容：

1）后浇带编号及留筋方式代号。后浇带的两种留筋方式为贯通和 100% 搭接。

2）后浇混凝土的强度等级 C××。宜采用补偿收缩混凝土，设计应注明相关施工要求。

3）留筋方式或后浇混凝土强度等级不一致时，设计者应在图中注明与图示不一致的部位及做法。

后浇带引注如图 5-10 所示。

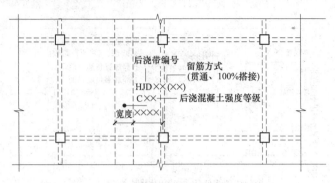

图 5-10 后浇带引注图示

贯通钢筋的后浇带宽度通常大于或等于 800mm，100% 搭接钢筋的后浇带宽度通常取 800mm 与 (l_l+60mm 或 l_{lE}+60mm) 的较大值 (l_l、l_{lE} 分别为受拉钢筋搭接长度、受拉钢筋抗震搭接长度)。

(3) 柱帽。柱帽引注见图 5-11~图 5-14。柱帽的平面形状有矩形、圆形或多边形等，其平面形状由平面布置图表达。

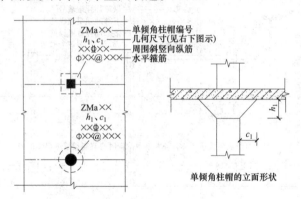

图 5-11 单倾角柱帽 ZMa 引注图示

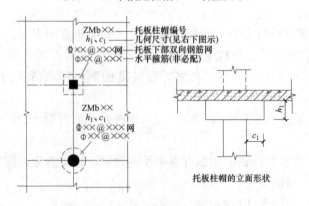

图 5-12 托板柱帽 ZMb 引注图示

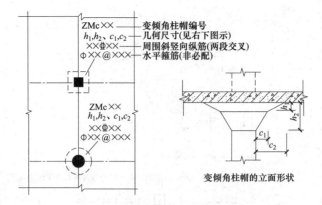

图 5-13 变倾角柱帽 ZMc 引注图示

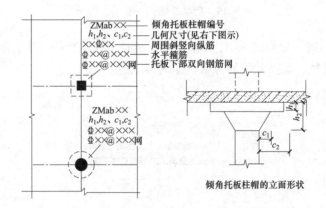

图 5-14 倾角托板柱帽 ZMab 引注图示

柱帽的立面形状有单倾角柱帽 ZMa（图 5-11）、托板柱帽 ZMb（图 5-12）、变倾角柱帽 ZMc（图 5-13）和倾角托板柱帽 ZMab（图 5-14）等，其立面几何尺寸和配筋由具体的引注内容表达。当 X、Y 方向不一致时，在图中应标注 $(c_{1,X}, c_{1,Y})$、$(c_{2,X}, c_{2,Y})$。

（4）局部升降板。局部升降板的引注如图 5-15 所示。局部升降板的平面形状及定位由平面布置图表达，其他内容由引注内容表达。

局部升降板的板厚、壁厚和配筋，在标准构造详图中取与所在板块的板厚和配筋相同，设计不注；当采用不同板厚、壁厚和配筋时，设计应补充绘制截面配筋图。

局部升降板升高与降低的高度限定为小于或等于 300mm，当高度大于 300mm 时，设计应补充绘制截面配筋图。

设计应注意局部升降板的下部与上部配筋均应设计为双向贯通纵筋。

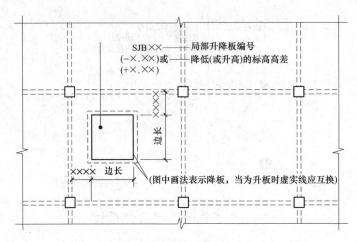

图 5-15　局部升降板 SJB 引注图示

（5）板加腋。板加腋的引注如图 5-16 所示。板加腋的位置与范围由平面布置图表达，腋宽、腋高及配筋等由引注内容表达。

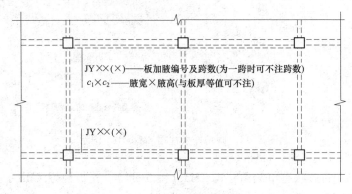

图 5-16　板加腋引注图示

当为板底加腋时腋线应为虚线，当为板面加腋时腋线应为实线；当腋宽与腋高同板厚时，设计不注。加腋配筋按标准构造，设计不注；当加腋配筋与标准构造不同时，设计应补充绘制截面配筋图。

（6）板开洞。板开洞的引注如图 5-17 所示。板开洞的平面形状及定位由平面布置图表达，洞的几何尺寸等由引注内容表达。

当矩形洞口边长或圆形洞口直径小于或等于 1000mm，且当洞边无集中荷载作用时，洞边补强钢筋可按标准构造的规定设置，设计不注；当洞口周边加强钢筋不伸至支座时，应在图中画出所有加强钢筋，并标注不伸至支座的钢筋长度。当具体工程所需要的补强钢筋与标准构造不同时，设计应加以注明。

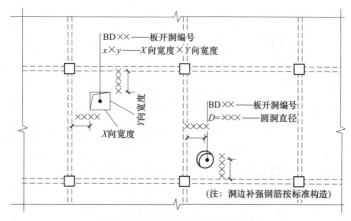

图 5-17 板开洞 BD 引注图示

当矩形洞口边长或圆形洞口直径大于 1000mm，或虽小于或等于 1000mm 但洞边有集中荷载作用时，设计应根据具体情况采取相应的处理措施。

（7）板翻边。板翻边的引注如图 5-18 所示。板翻边可为上翻也可为下翻，翻边尺寸等在引注内容中表达，翻边高度在标准构造详图中为小于或等于 300mm。当翻边高度大于 300mm 时，由设计者自行处理。

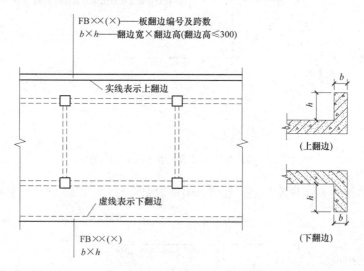

图 5-18 板翻边 FB 引注图示

（8）角部加强筋。角部加强筋的引注如图 5-19 所示。角部加强筋通常用于板块角区的上部，根据规范规定的受力要求选择配置。角部加强筋将在其分布范围内取代原配置的板支座上部非贯通纵筋，且当其分布范围内配有板上部贯通纵筋时则间隔布置。

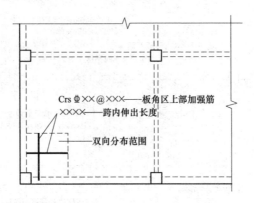

图 5-19   角部加强筋 Crs 引注图示

（9）悬挑板阴角附加筋。悬挑板阴角附加筋的引注见图 5-20。悬挑板阴角附加筋系指在悬挑板的阴角部位斜放的附加钢筋，该附加钢筋设置在板上部悬挑受力钢筋的下面。

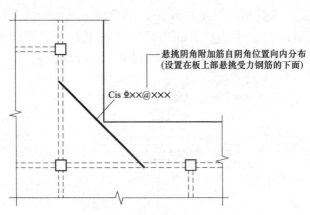

图 5-20   悬挑板阴角附加筋 Cis 引注图示

（10）悬挑板阳角附加筋。悬挑板阳角附加筋的引注如图 5-21~图 5-23 所示。

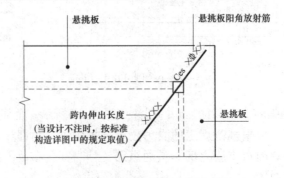

图 5-21   悬挑板阳角附加筋 Ces 引注图示（一）

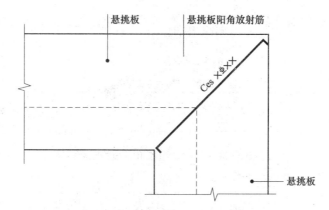

图 5-22　悬挑板阳角附加筋 Ces 引注图示（二）

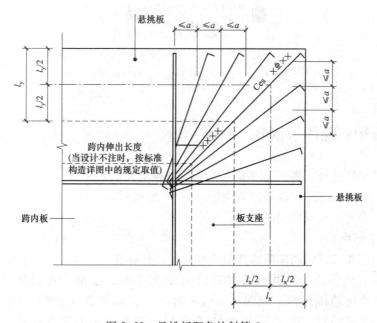

图 5-23　悬挑板阳角放射筋 Ces

（11）抗冲切箍筋。抗冲切箍筋通常在无柱帽无梁楼盖的柱顶部位设置。抗冲切箍筋 Rh 引注如图 5-24 所示。

（12）抗冲切弯起筋。抗冲切弯起筋通常在无柱帽无梁楼盖的柱顶部位设置。抗冲切弯起筋 Rb 引注如图 5-25 所示。

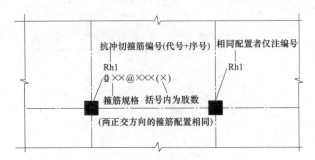

图 5-24　抗冲切箍筋 Rh 引注图示

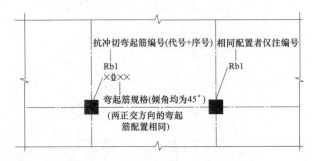

图 5-25　抗冲切弯起筋 Rb 引注图示

5.2　板钢筋翻样与下料

1. 有梁楼盖楼（屋）面板钢筋构造是如何规定的？

有梁楼盖楼（屋）面板配筋构造如图 5-26 所示。

（1）中间支座钢筋构造。

1）上部纵筋。

a. 上部非贯通纵筋向跨内伸出长度详见设计标注。

b. 与支座垂直的贯通纵筋贯通跨越中间支座，上部贯通纵筋连接区在跨中 1/2 跨度范围之内；相邻等跨或不等跨的上部贯通纵筋配置不同时，应将配置较大者越过其标注的跨数终点或起点延伸至相邻跨的跨中连接区域连接。

c. 与支座同向的贯通纵筋的第一根钢筋在距梁角筋为 1/2 板筋间距处开始设置。

2）下部纵筋。

a. 与支座垂直的贯通纵筋伸入支座 5d 且至少到梁中线。

b. 与支座同向的贯通纵筋第一根钢筋在距梁角筋 1/2 板筋间距处开始设置。

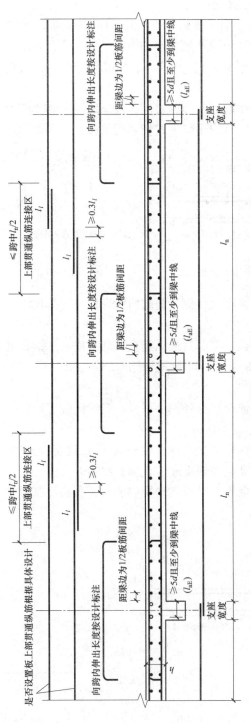

图 5-26　有梁楼盖楼（屋）面板配筋构造

（2）端部支座钢筋构造。

1）端部支座为梁。当端部支座为梁时，普通楼屋面板端部构造如图 5-27 所示。

板上部贯通纵筋伸至梁外侧角筋的内侧弯钩，弯折长度为 15d。当设计按铰接时，弯折水平段长度 $\geq 0.35l_{ab}$；当充分利用钢筋的抗拉强度时，弯折水平段长度 $\geq 0.6l_{ab}$。

板下部贯通纵筋在端部制作的直锚长度 $\geq 5d$ 且至少到梁中线。

当端部支座为梁时，用于梁板式转换层的楼面板端部构造如图 5-28 所示。

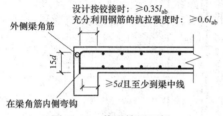

图 5-27 普通楼屋面板

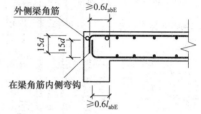

图 5-28 用于梁板式转换层的楼面板

板上部贯通纵筋伸至梁外侧角筋的内侧弯钩，弯折长度为 15d，弯折水平段长度 $\geq 0.6l_{abE}$。

梁板式转换层的板，下部贯通纵筋在端部支座的直锚长度 $\geq 0.6l_{abE}$。

2）端部支座为剪力墙中间层。当端部支座为剪力墙中间层时，楼板端部构造如图 5-29 所示。

板上部贯通纵筋伸至墙身外侧水平分布筋的内侧弯钩，弯折长度为 15d。弯折水平段长度 $\geq 0.4l_{ab}$（$\geq 0.4l_{abE}$）。

板下部贯通纵筋在端部支座的直锚长度 $\geq 5d$ 且至少到墙中线；梁板式转换层的板，下部贯通纵筋在端部支座的直锚长度为 l_{aE}。

图中括号内的数值用于梁板式转换层的板，当板下部纵筋直锚长度不足时，可弯锚见图 5-30。

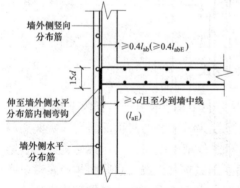

图 5-29 端部支座为剪力墙中间层

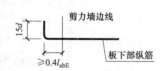

图 5-30 板下部纵筋弯锚构造

3）端部支座为剪力墙顶。当端部支座为剪力墙顶时，楼板端部构造如图 5-31 所示。

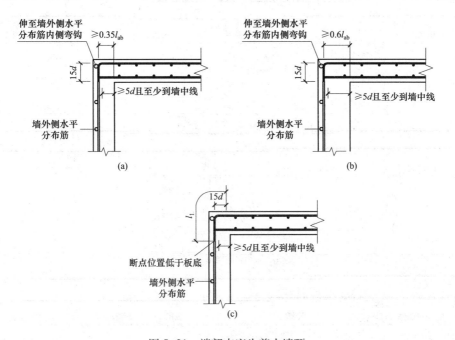

图 5-31 端部支座为剪力墙顶

（a）板端按铰接设计时；（b）板端上部纵筋按充分利用钢筋的抗拉强度时；（c）搭接连接

图 5-31（a），板上部贯通纵筋伸至墙身外侧水平分布筋的内侧弯钩，弯折长度为 $15d$。弯折水平段长度$\geqslant 0.35l_{ab}$；板下部贯通纵筋在端部支座的直锚长度$\geqslant 5d$ 且至少到墙中线。

图 5-31（b），板上部贯通纵筋伸至墙身外侧水平分布筋的内侧弯钩，弯折长度为 $15d$。弯折水平段长度$\geqslant 0.6l_{ab}$；板下部贯通纵筋在端部支座的直锚长度$\geqslant 5d$ 且至少到墙中线。

图 5-31（c），板上部贯通纵筋伸至墙身外侧水平分布筋的内侧弯钩，在断点位置低于板底，搭接长度为 l_l，弯折水平段长度为 $15d$；板下部贯通纵筋在端部支座的直锚长度$\geqslant 5d$ 且至少到墙中线。

2. 有梁楼盖不等跨板上部贯通纵筋连接构造有哪几种情况？

有梁楼盖不等跨板上部贯通纵筋连接构造，可分为三种情况，如图 5-32 所示。

3. 悬挑板配筋构造包括哪些内容？

悬挑板的钢筋构造可分为两种情况，如图 5-33 和图 5-34 所示。

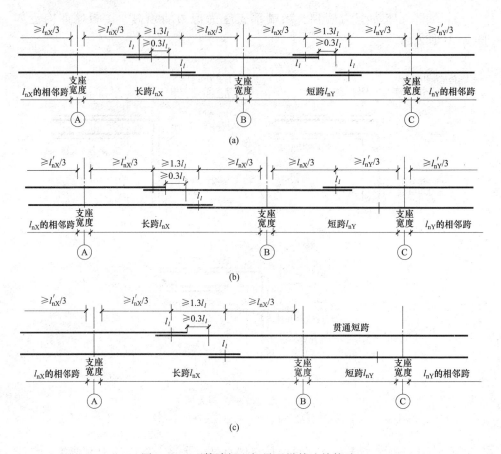

图 5-32 不等跨板上部贯通纵筋连接构造

在图 5-33（a）中，悬挑板的上部纵筋与相邻板同向的顶部贯通纵筋或顶部非贯通纵筋贯通，下部构造筋伸至梁内长度大于或等于 12d 且至少到梁中线（l_{aE}），括号内数值用于需考虑竖向地震作用时（由设计明确）。

在图 5-33（b）中，悬挑板的上部纵筋伸至梁内，在梁角筋内侧弯直钩，弯折长度为 15d，下部构造筋伸至梁内长度大于或等于 12d 且至少到梁中线（l_{aE}），括号内数值用于需考虑竖向地震作用时（由设计明确）。

在图 5-33（c）中，悬挑板的上部纵筋锚入与其相邻板内，直锚长度大于或等于 l_a（l_{aE}），下部构造筋伸至梁内长度大于或等于 12d 且至少到梁中线（l_{aE}），括号内数值用于需考虑竖向地震作用时（由设计明确）。

图 5-34 中的钢筋构造要点与图 5-33 相似，只是缺少下部配筋。

4. 板带纵向钢筋构造包括哪些内容?

（1）柱上板带纵向钢筋构造。柱上板带纵向钢筋构造如图 5-35 所示。

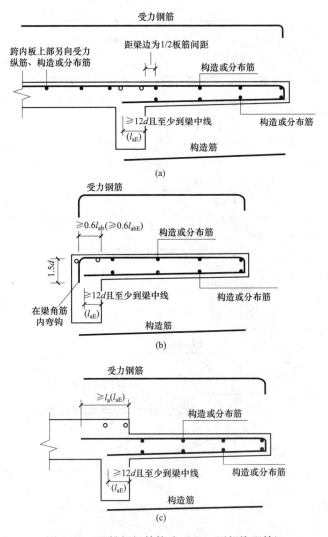

图 5-33 悬挑板钢筋构造（上、下部均配筋）

柱上板带上部贯通纵筋的连接区在跨中区域；上部非贯通纵筋向跨内延伸长度按设计标注；非贯通纵筋的端点就是上部贯通纵筋连接区的起点。

当相邻等跨或不等跨的上部贯通纵筋配置不同时，应将配置较大者越过其标注的跨数终点或起点伸出至相邻跨的跨中连接区域连接。

（2）跨中板带纵向钢筋构造。跨中板带纵向钢筋构造如图 5-36 所示。

跨中板带上部贯通纵筋连接区在跨中区域；下部贯通纵筋连接区的位置就在正交方向柱上板带的下方。

（3）板带端支座纵向钢筋构造。板带端支座纵向钢筋构造如图 5-37 所示。

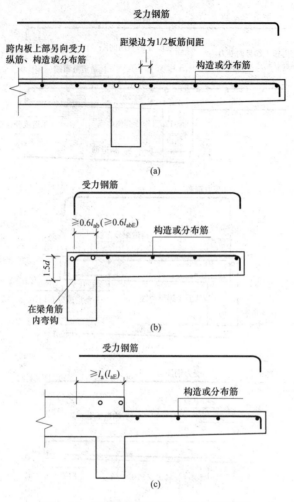

图 5-34 悬挑板钢筋构造（仅上部配筋）

柱上板带上部贯通纵筋与非贯通纵筋伸至柱内侧弯折 15d，水平段锚固长度大于或等于 0.6l_{abE}。

跨中板带上部贯通纵筋与非贯通纵筋伸至柱内侧弯折 15d，当按铰接设计时，水平段锚固长度大于或等于 0.35l_{ab}；当设计充分利用钢筋的抗拉强度时，水平段锚固长度大于或等于 0.6l_{ab}。

跨中板带与剪力墙墙顶连接时，图 5-37（d）做法由设计指定。

（4）板带悬挑端纵向钢筋构造。板带悬挑端纵向钢筋构造如图 5-38 所示。

板带的上部贯通纵筋与非贯通纵筋一直延伸至悬挑端部，然后弯 90° 的直钩伸至板底。板带悬挑端的整个悬挑长度包含在正交方向边柱列柱上板带宽度范围之内。

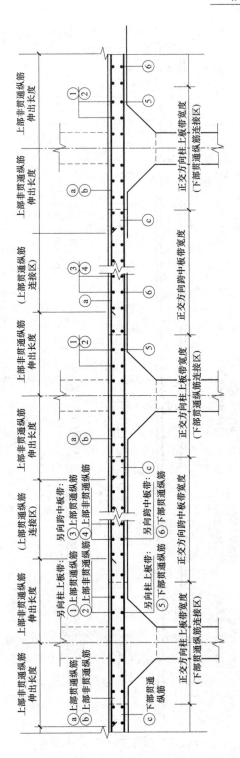

图 5 – 35　柱上板带纵向钢筋构造

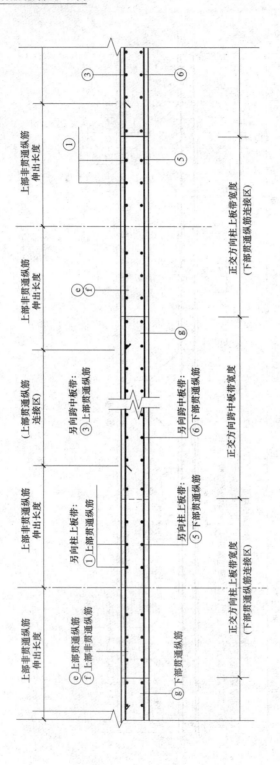

图 5-36　跨中板带纵向钢筋构造

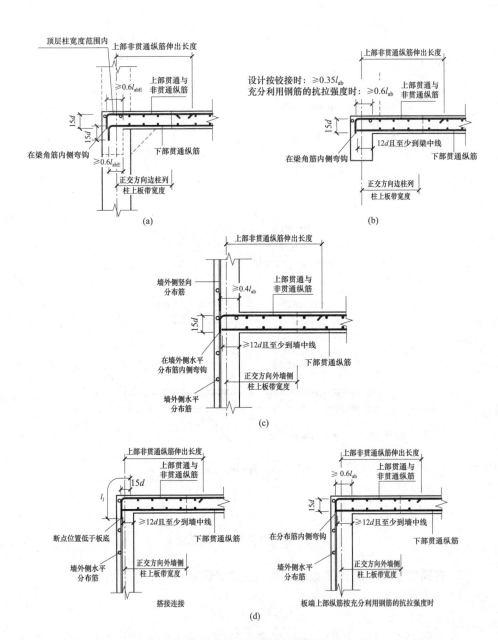

图 5-37　板带端支座纵向钢筋构造（一）

（板带上部非贯通纵筋向跨内伸出长度按设计标注）

（a）柱上板带与柱连接；（b）跨中板带与梁连接；（c）跨中板带与剪力墙中间层连接；

（d）跨中板带与剪力墙墙顶连接

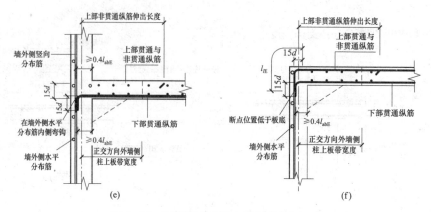

图 5-37 板带端支座纵向钢筋构造（二）

（板带上部非贯通纵筋向跨内伸出长度按设计标注）

（e）柱上板带与剪力墙中间层连接；（f）柱上板带与剪力墙墙顶连接

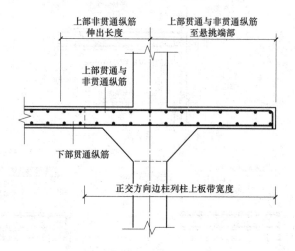

图 5-38 板带悬挑端纵向钢筋构造

5. 有梁楼盖楼（屋）面板顶、板底纵筋如何翻样？

（1）端支座为梁。

1）板顶纵筋。

a. 板顶贯通纵筋的长度。板顶贯通纵筋两端伸入梁外侧角筋的内侧，弯锚长度为 15d。具体计算方法是：

$$直锚长度=梁截面宽度-保护层-梁角筋直径$$

$$弯钩长度=15d$$

以单块板上部贯通纵筋的计算为例：

板顶贯通纵筋的直段长度=净跨长度+两端的直锚长度　　　（5-1）

b. 板上部贯通纵筋的根数。第一根贯通纵筋在距梁角筋中心 1/2 板筋间距处开始设置。假设梁角筋直径为 25mm，混凝土保护层为 25mm，则：

梁角筋中心到混凝土内侧的距离 $a=25\mathrm{mm}/2+25\mathrm{mm}=37.5\mathrm{mm}$

这样，板顶贯通纵筋的布筋范围=净跨长度+$a×2$。

在这个范围内除以钢筋的间距，得到的"间隔个数"就是钢筋的根数，因为在施工中，常把钢筋放在每个"间隔"的中央位置。

2）板底纵筋。

a. 板底贯通纵筋的长度。

具体的计算方法如下：

（a）直锚长度=梁宽/2。

（b）验算选定的直锚长度是否大于或等于 $5d$。若满足"直锚长度大于或等于 $5d$"，则没有问题；若不满足"直锚长度大于或等于 $5d$"，则取定 $5d$ 为直锚长度。在实际工程中，1/2 梁厚一般都能够满足"大于或等于 $5d$"的要求。

以单块板底贯通纵筋的计算为例：

板底贯通纵筋的直段长度=净跨长度+两端的直锚长度　　　（5-2）

b. 板底贯通纵筋的根数。计算方法和板顶贯通纵筋根数算法是一致的。

按 1G101-1 图集的规定，第一根贯通纵筋在距梁角筋中心 1/2 板筋间距处开始设置。假设梁角筋直径为 25mm，混凝土保护层为 25mm，则：

梁角筋中心到混凝土内侧的距离 $a=25\mathrm{mm}/2+25\mathrm{mm}=37.5\mathrm{mm}$

这样，板顶贯通纵筋的布筋范围=净跨长度+$a×2$。

在这个范围内除以钢筋的间距，得到的"间隔个数"就是钢筋的根数（因为在施工中，常把钢筋放在每个"间隔"的中央位置。

（2）端支座为剪力墙。

1）板顶纵筋。

a. 板顶贯通纵筋的长度。板顶贯通纵筋两端伸入梁外侧角筋的内侧，弯锚长度为 $15d$。具体计算方法是：

直锚长度=梁截面宽度-保护层-梁角筋直径

弯钩长度=$15d$

以单块板上部贯通纵筋的计算为例：

板顶贯通纵筋的直段长度=净跨长度+两端的直锚长度　　　（5-3）

b. 板顶贯通纵筋的根数。按照 16G101-1 图集的规定，第一根贯通纵筋在距墙身水平分布筋中心为 1/2 板筋间距处开始设置。假设墙身水平分布筋直径为 12mm，混凝土保护层为 15mm，则：

墙身水平分布筋中心到混凝土内侧的距离 $a=12\mathrm{mm}/2+15\mathrm{mm}=21\mathrm{mm}$

这样，板顶贯通纵筋的布筋范围=净跨长度+$a×2$。

在这个范围内除以钢筋的间距，得到的"间隔个数"就是钢筋的根数，因为在施工中，常把钢筋放在每个"间隔"的中央位置。

2）板底纵筋。

a. 板底贯通纵筋的长度。具体的计算方法如下：

（a）直锚长度=墙厚/2。

（b）验算选定的直锚长度是否大于或等于$5d$。若满足"直锚长度大于或等于$5d$"，则没有问题；若不满足"直锚长度大于或等于$5d$"，则取定$5d$为直锚长度。在实际工程中，1/2梁厚一般都能够满足"大于或等于$5d$"的要求。

以单块板底贯通纵筋的计算为例：

$$板底贯通纵筋的直段长度=净跨长度+两端的直锚长度 \qquad (5-4)$$

b. 板底贯通纵筋的根数。计算方法和板顶贯通纵筋根数算法是一致的。

【例5-1】如图5-39所示，板LB1的集中标注为LB1 $h=100$，B：X&YΦ8@150，T：X&YΦ8@150。

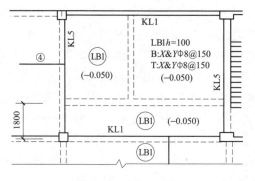

图5-39　例5-1图

板LB1的尺寸为7200mm×6900mm，X方向的梁宽度为300mm，Y方向的梁宽度为250mm，均为正中轴线。混凝土强度等级为C25，二级抗震等级。试计算该板的钢筋下料长度。

【解】（1）LB1板X方向的下部贯通纵筋的长度

① 直锚长度=梁宽/2

　　　　　=250mm/2

　　　　　=125mm

② 验算：$5d=5×8\text{mm}=40\text{mm}$，显然，直锚长度=125mm>40mm，满足要求。

③ 上部贯通纵筋的直段长度=净跨长度+两端的直锚长度

　　　　　=（7200-250）mm+125mm×2

　　　　　=7200mm

（2）LB1 板 X 方向的下部贯通纵筋的根数

梁 KL1 角筋中心到混凝土内侧的距离 $a=25\text{mm}/2+25\text{mm}=37.5\text{mm}$

$$\begin{aligned}\text{板下部贯通纵筋的布筋范围}&=\text{净跨长度}+37.5\text{mm}\times2\\&=(6900-300)\text{mm}+37.5\text{mm}\times2\\&=6675\text{mm}\end{aligned}$$

$$\begin{aligned}X\text{ 方向的下部贯通纵筋的根数}&=6675/150\text{ 根}\\&=45\text{ 根}\end{aligned}$$

（3）LB1 板 Y 方向的下部贯通纵筋的长度

$$\begin{aligned}\text{直锚长度}&=\text{梁宽}/2\\&=300\text{mm}/2\\&=150\text{mm}\end{aligned}$$

$$\begin{aligned}\text{上部贯通纵筋的直段长度}&=\text{净跨长度}+\text{两端的直锚长度}\\&=(6900-300)\text{mm}+150\text{mm}\times2\\&=6900\text{mm}\end{aligned}$$

（4）LB1 板 Y 方向的下部贯通纵筋的根数

梁 KL5 角筋中心到混凝土内侧的距离 $a=22\text{mm}/2+25\text{mm}=36\text{mm}$

$$\begin{aligned}\text{板下部贯通纵筋的布筋范围}&=\text{净跨长度}+36\text{mm}\times2\\&=(7200-250)\text{mm}+36\text{mm}\times2\\&=7022\text{mm}\end{aligned}$$

$$\begin{aligned}Y\text{ 方向的下部贯通纵筋的根数}&=7022/150\text{ 根}\\&=47\text{ 根}\end{aligned}$$

6. 折板钢筋如何翻样?

折板底筋翻样简图如图 5-40 所示。

外折角纵筋连续通过。当角度 $\alpha\geqslant160°$ 时，内折角纵筋连续通过。当角度 $\alpha<160°$ 时，阳角折板下部纵筋和阴角上部纵筋在内折角处交叉锚固。如果纵向受力钢筋在内折角处连续通过，纵向受力钢筋的合力会使内折角处板的混凝土保护层

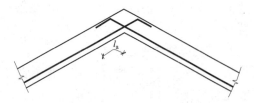

图 5-40　折板底筋翻样简图

向外崩出，从而使钢筋失去粘结锚固力（钢筋和混凝土之间的粘结锚固力是钢筋和混凝土能够共同工作的基础），最终可能导致折断而破坏。

$$\text{底筋长度}=\text{板跨净长}+2\times l_a$$

6 楼梯钢筋翻样与下料

6.1 楼梯平法识图

1. 楼梯有哪些种类?

从结构上划分,现浇混凝土楼梯可以分为板式楼梯、梁式楼梯、悬挑楼梯和旋转楼梯等。

(1) 板式楼梯。板式楼梯的踏步段是一块斜板,这块踏步段斜板支承在高端梯梁和低端梯梁上,或者直接与高端平板和低端平板连成一体。

(2) 梁式楼梯。梁式楼梯踏步段的左右两侧是两根楼梯斜梁,把踏步板支承在楼梯斜梁上;这两根楼梯斜梁支承在高端梯梁和低端梯梁上。这些高端梯梁和低端梯梁一般都是两端支承在墙或者柱上。

(3) 悬挑楼梯。悬挑楼梯的梯梁一端支承在墙或者柱上,形成悬挑梁的结构,踏步板支承在梯梁上。也有的悬挑楼梯把楼梯踏步做成悬挑板(一端支承在墙或者柱上)。

(4) 旋转楼梯。旋转楼梯一改普通楼梯两个踏步段曲折上升的形式,而采用围绕一个轴心螺旋上升的做法。旋转楼梯往往与悬挑楼梯相结合,作为旋转中心的柱就是悬挑踏步板的支座,楼梯踏步围绕中心柱形成一个螺旋向上的踏步形式。

2. 板式楼梯包含哪些构件?

板式楼梯所包含的构件内容一般有踏步段、层间梯梁、层间平板、楼层梯梁和楼层平板等(图6-1)。

(1) 踏步段。任何楼梯都包含踏步段。每个踏步的高度和宽度应该相等。且每个踏步的宽度和高度一般以上下楼梯舒适为准,例如,踏步高度为150mm,踏步宽度为280mm。而每个踏步的高度和宽度之比,决定于整个踏步段斜板的斜率。

(2) 层间平板。楼梯的层间平板就是人们常说的"休息平台"。注意:在16G101-2图集中,"两跑楼梯"包含层间平板;而"一跑楼梯"不包含层间平板,在这种情况下,楼梯间内部的层间平板就应该另行按"平板"进行

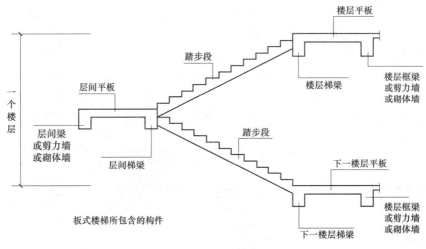

图 6-1　板式楼梯

计算。

（3）层间梯梁。楼梯的层间梯梁起到支承层间平板和踏步段的作用。16G101-2 图集的"一跑楼梯"需要有层间梯梁的支承，但是一跑楼梯本身不包含层间梯梁，所以在计算钢筋时，需要另行计算层间梯梁的钢筋。16G101-2 图集的"两跑楼梯"没有层间梯梁，其高端踏步段斜板和低端踏步段斜板直接支承在层间平板上。

（4）楼层梯梁。楼梯的楼层梯梁起到支承楼层平板和踏步段的作用。16G101-2 图集的"一跑楼梯"需要有楼层梯梁的支承，但是一跑楼梯本身不包含楼层梯梁，所以在计算钢筋时，需要另行计算楼层梯梁的钢筋。16G101-2 图集的"两跑楼梯"分为两类：FT 没有楼层梯梁，其高端踏步段斜板和低端踏步段斜板直接支承在楼层平板上；GT 需要有楼层梯梁的支承。但是这两种楼梯本身不包含楼层梯梁，所以在计算钢筋时，需要另行计算楼层梯梁的钢筋。

（5）楼层平板。楼层平板就是每个楼层中连接楼层梯梁或踏步段的平板，但是，并不是所有楼梯间都包含楼层平板的。16G101-2 图集的"两跑楼梯"中的 FT 包含楼层平板；而"两跑楼梯"中的 GT，以及"一跑楼梯"不包含楼层平板，在计算钢筋时，需要另行计算楼层平板的钢筋。

3. 现浇混凝土板式楼梯有哪些类型？

现浇混凝土板式楼梯包含 12 种类型，见表 6-1。

表6-1 楼 梯 类 型

梯板代号	适 用 范 围		是否参与结构整体抗震计算
	抗震构造措施	适用结构	
AT	无	剪力墙、砌体结构	不参与
BT			
CT	无	剪力墙、砌体结构	不参与
DT			
ET	无	剪力墙、砌体结构	不参与
FT			
GT	无	剪力墙、砌体结构	不参与
ATa	有	框架结构、框剪结构中框架部分	不参与
ATb			不参与
ATc			参与
CTa	有	框架结构、框剪结构中框架部分	不参与
CTb			不参与

注：ATa、CTa 低端设滑动支座支承在梯梁上；ATb、CTb 低端设滑动支座支承在挑板上。

4. AT~ET 型板式楼梯有哪些特征?

（1）AT~ET 型板式楼梯代号代表一段带上下支座的梯板。梯板的主体为踏步段，除踏步段之外，梯板可包括低端平板、高端平板以及中位平板。

（2）AT~ET 各型梯板的截面形状如下：

1）AT 型梯板全部由踏步段构成如图 6-2 所示。

2）BT 型梯板由低端平板和踏步段构成如图 6-3 所示。

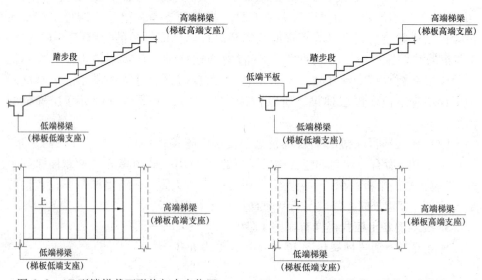

图 6-2　AT 型楼梯截面形状与支座位置　　图 6-3　BT 型楼梯截面形状与支座位置

3）CT 型梯板由踏步段和高端平板构成如图 6-4 所示。

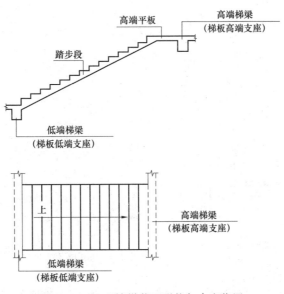

图 6-4　CT 型楼梯截面形状与支座位置

4）DT 型梯板由低端平板、踏步板和高端平板构成如图 6-5 所示。

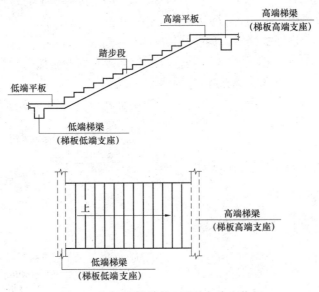

图 6-5　DT 型楼梯截面形状与支座位置

5）ET 型梯板由低端踏步段、中位平板和高端踏步段构成如图 6-6 所示。

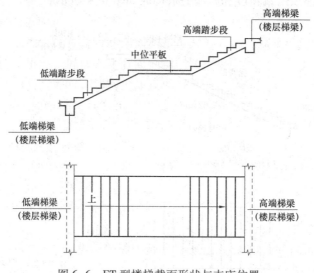

图 6-6 ET 型楼梯截面形状与支座位置

（3）AT~ET 型梯板的两端分别以（低端和高端）梯梁为支座。

（4）AT~ET 型梯板的型号、板厚、上下部纵向钢筋及分布钢筋等内容应在平法施工图中注明。梯板上部纵向钢筋向跨内伸出的水平投影长度见相应的标准构造详图，设计不注，但应予以校核；当标准构造详图规定的水平投影长度不满足具体工程要求时，应另行注明。

5. FT、GT 型板式楼梯有哪些特征？

（1）FT、GT 每个代号代表两跑踏步段和连接它们的楼层平板及层间平板。

（2）FT、GT 型梯板的构成可分为两类，即 FT 型、GT 型。

1）FT 型。由层间平板、踏步段和楼层平板构成，如图 6-7 所示。

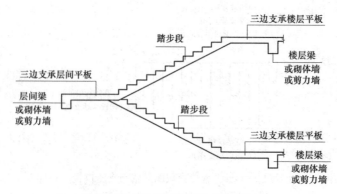

图 6-7 FT 型楼梯截面形状与支座位置（一）

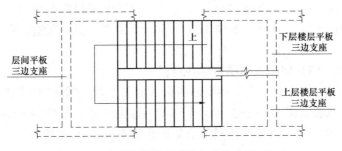

图 6-7 FT 型楼梯截面形状与支座位置（二）

2）GT 型，由层间平板和踏步段构成，如图 6-8 所示。

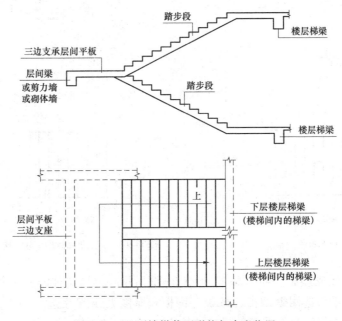

图 6-8 GT 型楼梯截面形状与支座位置

（3）FT、GT 型梯板的支承方式。FT 型、GT 型梯板的支承方式见表 6-2。

表 6-2   FT、GT 型梯板支承方式

梯板类型	层间平板端	踏步段端（楼层处）	楼层平板端
FT	三边支承		三边支承
GT	三边支承	单边支承（梯梁上）	

（4）FT、GT 型梯板的型号、板厚、上下部纵向钢筋及分布钢筋等内容由设计者在平法施工图中注明。FT、GT 型平台上部横向钢筋及其外伸长度，在平面

图中原位标注。梯板上部纵向钢筋向跨内伸出的水平投影长度见相应的标准构造详图,设计不注,但设计者应予以校核;当标准构造详图规定的水平投影长度不满足具体工程要求时,应由设计者另行注明。

6. ATa、ATb 型板式楼梯有哪些特征?

(1) ATa、ATb 型为带滑动支座的板式楼梯,梯板全部由踏步段构成,其支承方式为梯板高端均支承在梯梁上,ATa 型梯板低端带滑动支座支承在梯梁上,如图 6-9 所示;ATb 型梯板低端带滑动支座支承在挑板上,如图 6-10 所示。

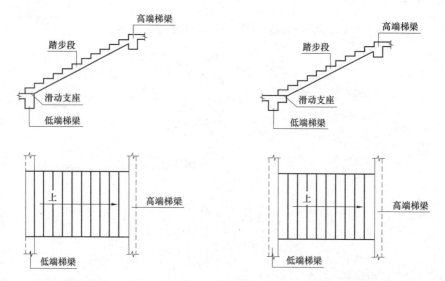

图 6-9 ATa 型楼梯截面形状与支座位置   图 6-10 ATb 型楼梯截面形状与支座位置

(2) 滑动支座做法如图 6-11 和图 6-12 所示,采用何种做法应由设计指定。滑动支座垫板可选用聚四氟乙烯板、钢板和厚度大于或等于 0.5 的塑料片,也可选用其他能保证有效滑动的材料,其连接方式由设计者另行处理。

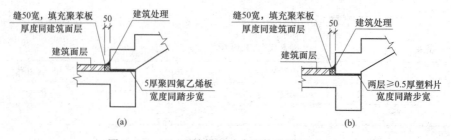

图 6-11 ATa 型楼梯滑动支座构造详图 (一)
(a) 设聚四氟乙烯垫板 (用胶粘于混凝土面上);(b) 设塑料片

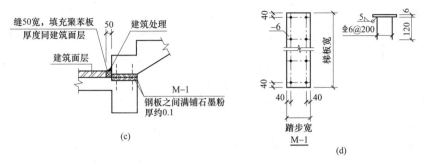

图 6-11 ATa 型楼梯滑动支座构造详图（二）

（c）预埋钢板；（d）M-1 剖面图

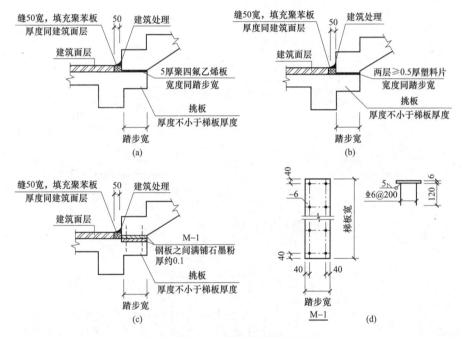

图 6-12 ATb 型楼梯滑动支座构造

（a）设聚四氟乙烯垫板（用胶粘于混凝土面上）；（b）设塑料片；（c）预埋钢板；（d）M-1 剖面图

（3）ATa、ATb 型梯板采用双层双向配筋。

7. ATc 型板式楼梯有哪些特征？

（1）ATc 型梯板全部由踏步段构成如图 6-13 所示，其支承方式为梯板两端均支承在梯梁上。

（2）ATc 楼梯休息平台与主体结构可连接（图 6-14），也可脱开（图 6-15）。

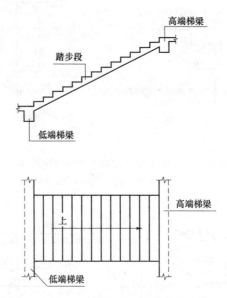

图 6-13 ATc 型楼梯截面形状与支座位置

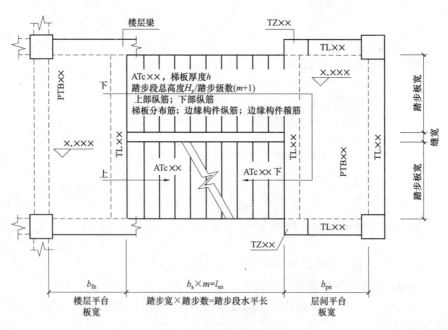

图 6-14 整体连接构造

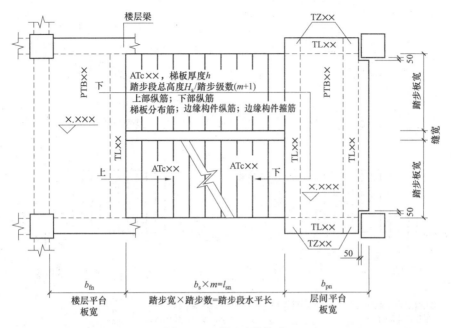

图 6-15 脱开连接构造

（3）ATc 型楼梯梯板厚度应按计算确定，且不宜小于 140mm；梯板采用双层配筋。

（4）ATc 型梯板两侧设置边缘构件（暗梁）。边缘构件的宽度取 1.5 倍板厚；边缘构件纵筋数量，当抗震等级为一、二级时不少于 6 根，当抗震等级为三、四级时不少于 4 根；纵筋直径不小于 $\phi12$ 且不小于梯板纵向受力钢筋的直径；箍筋直径不小于 $\Phi6$，间距不大于 200mm。

平台板按双层双向配筋。

（5）ATC 型楼梯作为斜撑构件，钢筋均采用符合抗震性能要求的热轧钢筋，钢筋的抗拉强度实测值与屈服强度实测值的比值不应小于 1.25；钢筋的屈服强度实测值与屈服强度标准值的比值不应大于 1.3，且钢筋在最大拉力下的总伸长率实测值不应小于 9%。

8. CTa、CTb 型板式楼梯有哪些特征？

（1）CTa、CTb 型为带滑动支座的板式楼梯，梯板由踏步段和高端平板构成，其支承方式为梯板高端均支承在梯梁上。CTa 型梯板低端带滑动支座支承在梯梁上，如图 6-16 所示，CTb 型梯板低端带滑动支座支承在挑板上，如图 6-17 所示。

（2）滑动支座做法见图 6-18、图 6-19，采用何种做法应由设计指定。滑动支座垫板可选用聚四氟乙烯板、钢板和厚度大于等于 0.5 的塑料片，也可选用其他能保证有效滑动的材料，其连接方式由设计者另行处理。

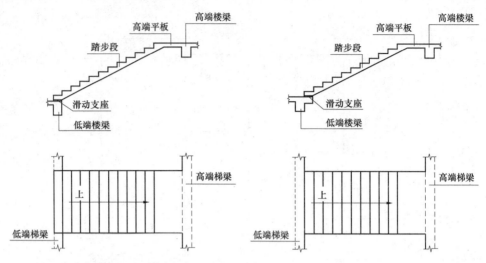

图 6-16 CTa 型楼梯截面形状与支座位置　　图 6-17 CTb 型楼梯截面形状与支座位置

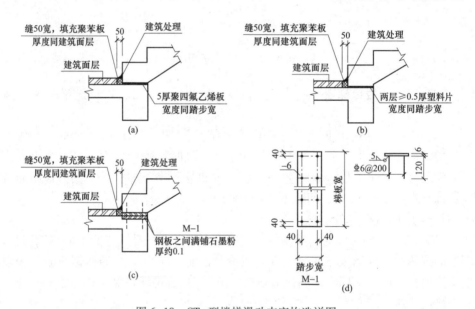

图 6-18 CTa 型楼梯滑动支座构造详图

（a）设聚四氟乙烯垫板（用胶粘于混凝土面上）；（b）设塑料片；（c）预埋钢板；（d）M-1 剖面图

（3）CTa、CTb 型梯板采用双层双向配筋。

9. 板式楼梯的平面注写方式包括哪些内容？

平面注写方式，是指在楼梯平面布置图上注写截面尺寸和配筋具体数值的方式来表达楼梯施工图。包括集中标注和外围标注。

（1）集中标注。楼梯集中标注的内容包括：

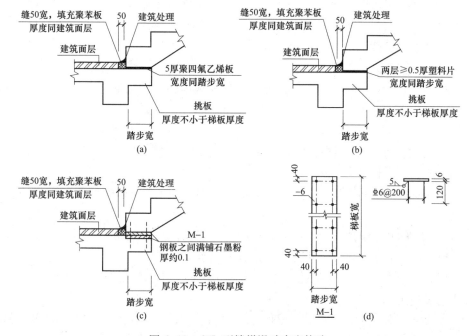

图 6-19 CTb 型楼梯滑动支座构造

（a）设聚四氟乙烯垫板（用胶粘于混凝土面上）；（b）设塑料片；（c）预埋钢板；（d）M-1 剖面图

1）梯板类型代号与序号，如 AT××。

2）梯板厚度。注写方式为 h=×××。当为带平板的梯板且梯段板厚度和平板厚度不同时，可在梯段板厚度后面括号内以字母 P 打头注写平板厚度。

3）踏步段总高度和踏步级数，之间以"/"分隔。

4）梯板支座上部纵筋和下部纵筋之间以";"分隔。

5）梯板分布筋，以 F 打头注写分布钢筋具体值，该项也可在图中统一说明。

6）对于 ATc 型楼梯尚应注明梯板两侧边缘构件纵向钢筋及箍筋。

（2）外围标注。楼梯外围标注的内容，包括楼梯间的平面尺寸、楼层结构标高、层间结构标高、楼梯的上下方向、梯板的平面几何尺寸、平台板配筋、梯梁及梯柱配筋等。

10. 板式楼梯的剖面注写方式包括哪些内容?

剖面注写方式需在楼梯平法施工图中绘制楼梯平面布置图和楼梯剖面图，注写方式分平面注写、剖面注写两部分。

（1）平面注写。楼梯平面布置图注写内容，包括楼梯间的平面尺寸、楼层结构标高、层间结构标高、楼梯的上下方向、梯板的平面几何尺寸、梯板类型及编号、平台板配筋、梯梁及梯柱配筋等。

（2）剖面注写。楼梯剖面图注写内容包括梯板集中标注、梯梁梯柱编号、梯板水平及竖向尺寸、楼层结构标高、层间结构标高等。

梯板集中标注的内容包括以下几项：

1）梯板类型及编号，如 AT××。

2）梯板厚度。注写方式为 h=×××。当梯板由踏步段和平板构成，且踏步段梯板厚度和平板厚度不同时，可在梯板厚度后面括号内以字母 P 打头注写平板厚度。

3）梯板配筋。注明梯板上部纵筋和梯板下部纵筋，用分号";"将上部与下部纵筋的配筋值分隔开来。

4）梯板分布筋。以 F 打头注写分布钢筋具体值，该项也可在图中统一说明。

5）对于 ATc 型楼梯尚应注明梯板两侧边缘构件纵向钢筋及箍筋。

11. 板式楼梯的列表注写方式包括哪些内容？

列表注写方式，系用列表方式注写梯板截面尺寸和配筋具体数值的方式来表达楼梯施工图。

列表注写方式的具体要求同剖面注写方式，仅将剖面注写方式中的梯板集中标注中的梯板配筋注写项改为列表注写项即可。梯板列表格式见表 6-3。

表 6-3　　　　　　　　　梯板几何尺寸和配筋

梯板编号	踏步段总高度/踏步级数	板厚 h	上部纵向钢筋	下部纵向钢筋	分布筋

注：对于 ATc 型楼梯尚应注明梯板两侧边缘构件纵向钢筋及箍筋。

6.2　楼梯钢筋翻样与下料

1. 以 AT 型楼梯为例，楼梯板配筋有哪些构造要点？

AT 型楼梯板配筋构造如图 6-20 所示。

（1）图中上部纵筋锚固长度 $0.35l_{ab}$ 用于设计按铰接的情况，括号内数据 $0.6l_{ab}$ 用于设计考虑充分发挥钢筋抗拉强度的情况，具体工程中设计应指明采用何种情况。

（2）上部纵筋有条件时可直接伸入平台板内锚固，从支座内边算起总锚固长度不小于 l_a，如图中虚线所示。

（3）上部纵筋需伸至支座对边再向下弯折。

（4）踏步两头高度调整如图 6-21 所示。

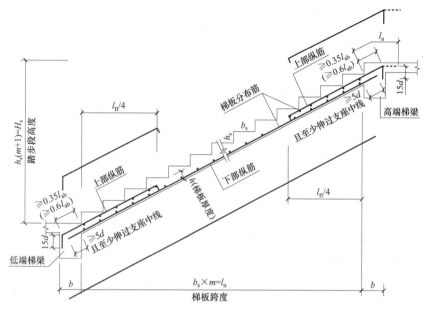

图 6-20　AT 楼梯板配筋构造

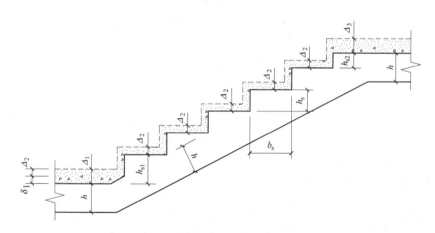

图 6-21　不同踏步位置推高与高度减小构造

δ_1—第一级与中间各级踏步整体竖向推高值；h_{s1}—第一级（推高后）踏步的结构高度；

h_{s2}—最上一级（减小后）踏步的结构高度；Δ_1—第一级踏步根部面层厚度；

Δ_2—中间各级踏步的面层厚度；Δ_3—最上一级踏步（板）面层厚度

2. 以 AT 型楼梯为例，楼梯板钢筋如何计算？

AT 楼梯平面注写方式一般模式如图 6-22（a）所示。

（1）AT 楼梯板的基本尺寸数据。

1）楼梯板净跨度 l_n。

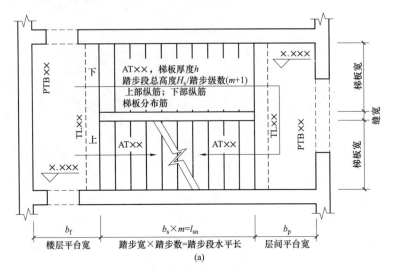

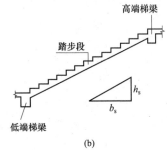

图 6-22 AT 楼梯平面注写方式一般模式

（a）平面图；（b）斜坡系数示意图

2）梯板净宽度 b_n。

3）梯板厚度 h。

4）踏步宽度 b_s。

5）踏步总高度 H_s。

6）踏步高度 h_s。

（2）计算步骤。

1）斜坡系数 $k=\sqrt{h_s^2+b_s^2}$。

2）梯板下部纵筋以及分布筋。

梯板下部纵筋的长度 $l=l_n\times k+2\times a$，其中 $a=\max(5d, b/2)$。

分布筋的长度 $=b_n-2\times c$，其中，c 为保护层厚度。

梯板下部纵筋的根数 $=(b_n-2\times c)/$间距$+1$

分布筋的根数 $=(l_n\times k-50\times2)/$间距$+1$

3）梯板低端扣筋。

a. 分析：

梯板低端扣筋位于踏步段斜板的低端，扣筋的一端扣在踏步段斜板上，直钩长度为 h_1。扣筋的另一端锚入低端梯梁对边再向下弯折内 $15d$，弯锚水平段长度大于或等于 $0.35l_{ab}$（$0.6l_{ab}$）。扣筋的延伸长度投影长度为 $l_n/4$（$0.35l_{ab}$ 用于设计按铰接的情况，$0.6l_{ab}$ 用于设计考虑充分发挥钢筋抗拉强度的情况）。

b. 计算过程：

$l_1=[l_n/4+(b-c)]\times k$

$l_2=15d$

$h_1=h-c$

分布筋 $=b_n-2\times c$

梯板低端扣筋的根数 $=(b_n-2\times c)/$ 间距 $+1$

分布筋的根数 $=(l_n/4\times k)/$ 间距 $+1$

4）梯板高端扣筋。梯板高端扣筋位于踏步段斜板的高端，扣筋的一端扣在踏步段斜板上，直钩长度为 h_1，扣筋的另一端锚入高端梯梁内，锚入直段长度不小于 $0.35l_{ab}$（$0.6l_{ab}$），直钩长度 l_2 为 $15d$。扣筋的延伸长度水平投影长度为 $l_n/4$。由上所述，梯板高端扣筋的计算过程为：

$h_1=h-$ 保护层

$l_1=[l_n/4+(b-c)]\times k$

$l_2=15d$

分布筋 $=b_n-2\times c$

梯板高端扣筋的根数 $=(b_n-2\times c)/$ 间距 $+1$

分布筋的根数 $=(l_n/4\times k)/$ 间距 $+1$

【例6-1】 AT3 的平面布置图如图 6-23 所示。混凝土强度为 C30，梯梁宽度 $b=200\text{mm}$。求 AT3 中各钢筋尺寸和数量。

【解】

（1）AT 楼梯板的基本尺寸数据。

楼梯板净跨度 $l_n=3080\text{mm}$；

梯板净宽度 $b_n=1600\text{mm}$；

梯板厚度 $h=120\text{mm}$；

踏步宽度 $b_s=280\text{mm}$；

踏步总高度 $H_s=1800\text{mm}$；

踏步高度 $h_s=1800\text{mm}/12=150\text{mm}$。

（2）计算步骤。

1）斜坡系数 $k=\sqrt{h_s^2+b_s^2}=\sqrt{150^2+280^2}=1.134$。

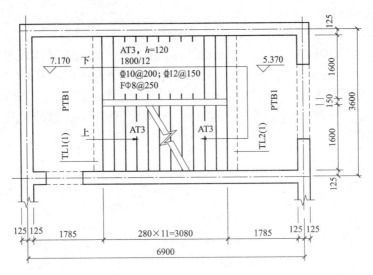

图 6-23　AT3 的平面布置图

2) 梯板下部纵筋以及分布筋。

① 梯板下部纵筋。

长度 $l = l_n \times k + 2 \times a = 3080\text{mm} \times 1.134 + 2 \times \max(5d, b/2)$

$\quad = 3080\text{mm} \times 1.134 + 2 \times \max(5 \times 12, 200/2)\text{mm} = 3693\text{mm}$

根数 $= (b_n - 2 \times c)/$间距$+1$ 根 $= (1600 - 2 \times 15)/150$ 根 $+1$ 根 $= 12$ 根

② 分布筋。

长度 $= b_n - 2 \times c = 1600\text{mm} - 2 \times 15\text{mm} = 1570\text{mm}$

根数 $= (l_n \times k - 50 \times 2)/$间距$+1$ 根 $= (3080 \times 1.134 - 50 \times 2)/250$ 根 $+1$ 根

$\quad = 15$ 根

3) 梯板低端扣筋。

$l_1 = [l_n/4 + (b - c)] \times k = (3080/4 + 200 - 15)\text{mm} \times 1.134 = 1083\text{mm}$

$l_2 = 15d = 15 \times 10\text{mm} = 150\text{mm}$

$h_1 = h - c = 120\text{mm} - 15\text{mm} = 105\text{mm}$

分布筋 $= b_n - 2 \times c = 1600\text{mm} - 2 \times 15\text{mm} = 1570\text{mm}$

梯板低端扣筋的根数 $= (b_n - 2 \times c)/$间距$+1$ 根 $= (1600 - 2 \times 15)/250$ 根 $+$

$\quad\quad\quad\quad 1$ 根 $= 5$ 根

分布筋的根数 $= (l_n/4 \times k)/$间距$+1$ 根 $= (3080/4 \times 1.134)/250$ 根 $+1$ 根

$\quad\quad\quad\quad = 5$ 根

4) 梯板高端扣筋。

$h_1 = h - c = 120\text{mm} - 15\text{mm} = 105\text{mm}$

$l_1 = [l_n/4 + (b-c)] \times k = (3080\text{mm}/4 + 200\text{mm} - 15\text{mm}) \times 1.134 = 1083\text{mm}$

$l_2 = 15d = 15 \times 10\text{mm} = 150\text{mm}$

$h_1 = h - c = 120\text{mm} - 15\text{mm} = 105\text{mm}$

高端扣筋的每根长度 $= 105\text{mm} + 1083\text{mm} + 150\text{mm} = 1338\text{mm}$

分布筋 $= b_n - 2 \times c = 1600\text{mm} - 2 \times 15\text{mm} = 1570\text{mm}$

梯板高端扣筋的根数 $= (b_n - 2 \times c)/$间距 $+ 1$ 根 $= (1600 - 2 \times 15)/150$ 根 $+ 1$ 根
$= 12$ 根

分布筋的根数 $= (l_n/4 \times k)/$间距 $+ 1$ 根 $= (3080/4 \times 1.134)/250$ 根 $+ 1$ 根 $= 5$ 根

上面只计算了一跑 AT3 的钢筋，一个楼梯间有两跑 AT3，因此，应将上述数据乘以 2。

3. ATc 型楼梯配筋构造如何计算？

ATc 型楼梯配筋构造如图 6-24 所示。

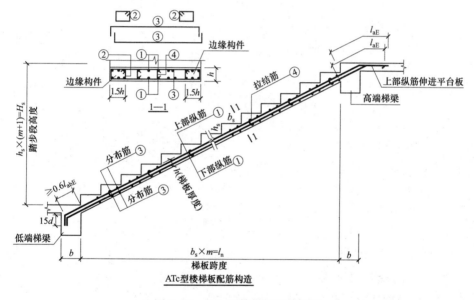

图 6-24　ATc 型楼梯板配筋构造

ATc 型楼梯梯板厚度应按计算确定，且不宜小于 140mm，梯板采用双层配筋。

（1）踏步段纵向钢筋（双层配筋）。

踏步段下端：下部纵筋及上部纵筋均弯锚入低端梯梁，锚固平直段 "$\geqslant l_{aE}$"，弯折段为 "$15d$"。上部纵筋需伸至支座对边再向下弯折。

踏步段上端：下部纵筋及上部纵筋均伸进平台板，锚入梁（板）l_{ab}。

（2）分布筋。分布筋两端均弯直钩，长度 $= h - 2 \times$ 保护层。

下层分布筋设在下部纵筋的下面；上层分布筋设在上部纵筋的上面。

（3）拉结筋。在上部纵筋和下部纵筋之间设置拉结筋 Φ6，拉结筋间距为 600mm。

（4）边缘构件（暗梁）：设置在踏步段的两侧，宽度为"1.5h"。

暗梁纵筋：直径不小于 φ12mm 且不小于梯板纵向受力钢筋的直径；一、二级抗震等级时不少于 6 根；三、四级抗震等级时不少于 4 根。

暗梁箍筋：直径不小于 φ6mm，间距不大于 200mm。

【例 6-2】 ATc3 的平面布置图如图 6-25 所示。混凝土强度为 C30，抗震等级为一级，梯梁宽度 $b=200$mm。求 ATc3 中各钢筋尺寸和数量。

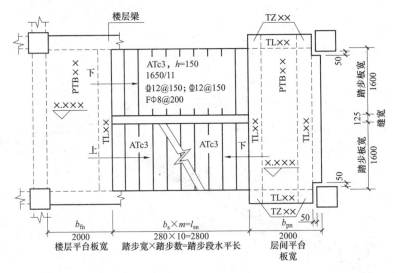

图 6-25　ATc3 梯平面布置图

【解】

（1）ATc3 楼梯板的基本尺寸数据。

楼梯板净跨度 $l_n = 2800$mm

梯板净宽度 $b_n = 1600$mm

梯板厚度 $h = 120$mm

踏步宽度 $b_s = 280$mm

踏步总高度 $H_s = 1650$mm

踏步高度 $h_s = 1650$mm/11 = 150mm

（2）计算步骤。

1）斜坡系数 $k = \sqrt{h_s^2 + b_s^2} = \sqrt{150^2 + 280^2} = 1.134$。

2）梯板下部纵筋和上部纵筋。

下部纵筋长度 $=15d+(b-保护层+l_{sn})\times k+l_{aE}$

$\qquad\qquad\qquad =15\times12mm+(200mm-15mm+2800mm)\times1.134+40\times12mm$

$\qquad\qquad\qquad =4045mm$

下部纵筋范围 $=b_n-2\times1.5h=1600mm-3\times150mm=1150mm$

下部纵筋根数 $=1150/150$ 根 $=8$ 根

本题的上部纵筋长度、范围和根数与下部纵筋相同。

上部纵筋长度 $=4045mm$

上部纵筋范围 $=1150mm$

上部纵筋根数 $=1150/150$ 根 $=8$ 根

3）梯板分布筋（③号钢筋）的计算（"扣筋"形状）。

分布筋的水平段长度 $=b_n-2\times保护层=1600mm-2\times15mm=1570mm$

分布筋的直钩长度 $=h-2\times保护层=150mm-2\times15mm=120mm$

分布筋每根长度 $=1570mm+2\times120mm=1790mm$

分布筋根数的计算：

分布筋设置范围 $=l_{sn}\times k=2800mm\times1.134=3175mm$

分布筋根数 $=3175/200$ 根 $=16$ 根（这仅是上部纵筋的分布筋根数）

上、下纵筋的分布筋总数 $=2\times16$ 根 $=32$ 根

4）梯板拉结筋（④号钢筋）的计算。

根据相关规定，梯板拉结筋 $\Phi6$，间距为 $600mm$。

拉结筋长度 $=h-2\times保护层+2\times拉筋直径=150mm-2\times15mm+2\times6mm$

$\qquad\qquad\qquad =132mm$

拉结筋根数 $=3175/600$ 根 $=6$ 根（这是一对上下纵筋的拉结筋根数）

每一对上下纵筋都应该设置拉结筋（相邻上下纵筋错开设置），则：

拉结筋总根数 $=8\times6$ 根 $=48$ 根

5）梯板暗梁箍筋（②号钢筋）的计算。

梯板暗梁箍筋直径不小于 $\Phi6$，间距不大于 $200mm$。

箍筋尺寸计算（箍筋仍按内围尺寸计算）：

箍筋宽度 $=1.5h-保护层-2d=1.5\times150mm-15-2\times6mm=198mm$

箍筋高度 $=h-2\times保护层-2d=150mm-2\times15mm-2\times6mm=108mm$

箍筋每根长度 $=(198+108)\times2mm+26\times6mm=768mm$

箍筋分布范围 $=l_{sn}\times k=2800mm\times1.134=3175mm$

箍筋根数 $=3175/200$ 根 $=16$ 根（这是一道暗梁的箍筋根数）

两道暗梁的箍筋根数 $=2\times16$ 根 $=32$ 根

6）梯板暗梁纵筋的计算。

每道暗梁纵筋根数 6 根（一、二级抗震时），暗梁纵筋直径不小于 $\Phi12$（不

小于纵向受力钢筋直径)。

两道暗梁的纵筋根数=2×6 根=12 根

本题的暗梁纵筋长度同下部纵筋:

暗梁纵筋长度=4045mm

上面只计算了一跑 ATc 楼梯的钢筋,一个楼梯间有两跑 ATc 楼梯,两跑楼梯的钢筋要把上述钢筋数量乘以 2。

柱下或墙下连续的平板式或梁板式混凝土基础称为筏形基础，又称为筏板基础或者满堂基础，一般用于高层建筑框架柱或剪力墙下。该基础底面积大，基底压力小，同时整体性能好，对提高地基土的承载力，调整不均匀沉降有很好的效果。筏形基础可分为梁板式和平板式两种，其选型一般根据地基土质、上部结构体系、柱距、荷载大小及施工条件等确定。

7.1 筏形基础平法识图

1. 如何选择筏形基础类型？

当柱网间距大时，一般采用梁板式筏形基础。由于基础梁底面与基础平板底面标高高差不同，可将梁板式筏形基础分为"高板位"（即梁顶与板顶一平，如图 7-1 所示）、"低板位"（即梁底与板底一平，如图 7-2 所示）、"中板位"（板在梁的中部）。

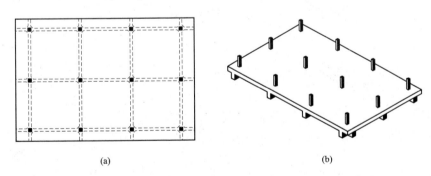

(a)   (b)

图 7-1 梁板式筏形基础（高板位）

（a）平面示意图；（b）立体示意图

当柱荷载不大、柱距较小且等柱距时，一般采用平板式筏形基础，如图 7-3 所示。

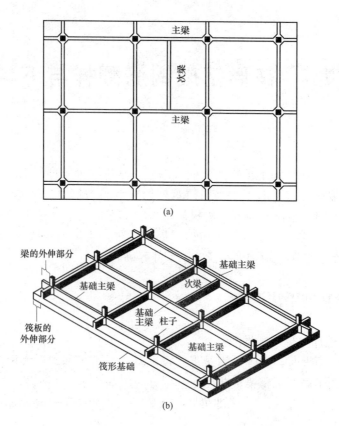

(a)

(b)

图7-2　梁板式筏形基础（低板位）

（a）平面示意图；（b）立体示意图

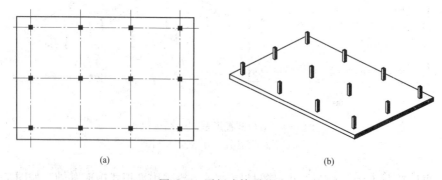

(a)　　　　　　　　　　　　　　　　　(b)

图7-3　平板式筏形基础

（a）平面示意图；（b）立体示意图

2. 梁板式筏形基础构件有哪些类型？如何进行编号？

梁板式筏形基础由基础主梁、基础次梁、基础平板等构成，其编号见表7-1。

表7-1 梁板式筏形基础构件编号

构件类型	代号	序号	跨数及是否有外伸
基础主梁	JL	××	（××）或（××A）或（××B）
基础次梁	JCL	××	（××）或（××A）或（××B）
基础平板	LPB	××	

注：1. （××）为端部无外伸，括号内的数字表示跨数，（××A）为一端有外伸，（××B）两端有外伸，外伸不计入跨数。

　　2. 梁板式筏形基础平板跨数及是否有外伸分别在 X、Y 两向的贯通纵筋之后表达。图面从左至右为 X 向，从下至上为 Y 向。

　　3. 梁板式筏形基础主梁与条形基础梁编号与钢筋构造一致。

3. 基础主梁与基础次梁的平面注写包括哪些内容？

基础主梁与基础次梁的平面注写方式分集中标注和原位标注两部分内容。当集中标注中的某项数值不适用于梁的某部位时，则将该数值采用原位标注，施工原位标注优先。

（1）基础主梁与基础次梁的集中标注。其主要内容包括：

1）基础编号。基础编号由代号、序号、跨数及有无外伸等组成，见表7-1。

2）截面尺寸。注写方式为"$b×h$"，表示梁截面宽度和高度，当为竖向加腋梁时，注写方式为"$b×hYc_1×c_2$"，其中，c_1 为腋长，c_2 为腋高。

3）配筋。

a. 基础梁箍筋。

（a）当采用一种箍筋间距时，注写钢筋级别、直径、间距与肢数（写在括号内）。

（b）当采用两种箍筋时，用"/"分隔不同箍筋，按照从基础梁两端向跨中的顺序注写。先注写第1段箍筋（在前面加注箍数），在斜线后再注写第2段箍筋（不再加注箍数）。

基础主梁与基础次梁的外伸部位，以及基础主梁端部节点内按第一种箍筋设置，如图7-4和图7-5所示。

b. 基础梁的底部、顶部及侧面纵向钢筋。

（a）以 B 打头，先注写梁底部贯通纵筋（不应少于底部受力钢筋总截面面积的1/3）。当跨中所注根数少于箍筋肢数时，需要在跨中加设架立筋以固定箍筋，注写时，用加号"+"将贯通纵筋与架立筋相连，架立筋注写在加号后面的

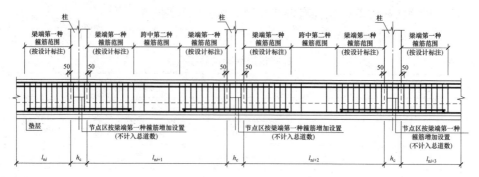

图 7-4 基础主梁箍筋布置范围

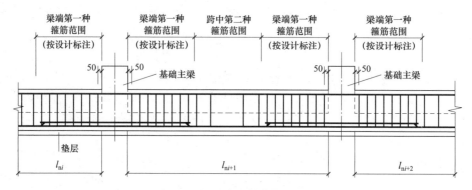

图 7-5 基础次梁箍筋布置范围

括号内。

（b）以 T 打头，注写梁顶部贯通纵筋值。注写时用分号"；"将底部与顶部纵筋分隔开。

（c）当梁底部或顶部贯通纵筋多于一排时，用斜线"/"将各排纵筋自上而下分开。

（d）以大写字母"G"打头，注写梁两侧面设置的纵向构造钢筋有总配筋值（当梁腹板高度 h_w 不小于 450mm 时，根据需要配置）。

当需要配置抗扭纵向钢筋时，梁两个侧面设置的抗扭纵向钢筋以 N 打头。

4）基础梁底面标高高差。它是指相对于筏形基础平板底面标高的高差值。有高差时需将高差写入括号内（如"高板位"与"中板位"基础梁的底面与基础平板地面标高的高差值），无高差时不注（如"低板位"筏形基础的基础梁）。

（2）基础主梁与基础次梁的原位标注。其主要内容包括：

1）梁支座的底部纵筋。它是指包括贯通纵筋与非贯通纵筋在内的所有纵筋。

a. 当底部纵筋多于一排时，用"/"将各排纵筋自上而下分开。

b. 当同排有两种直径时，用加号"+"将两种直径的纵筋相连。

c. 当梁中间支座两边底部纵筋配置不同时，需在支座两边分别标注；当梁中间支座两边的底部纵筋相同时，只仅在支座的一边标注配筋值。

d. 当梁端（支座）区域的底部全部纵筋与集中注写过的贯通纵筋相同时，可不再重复做原位标注。

e. 竖向加腋梁加腋部位钢筋，需在设置加腋的支座处以 Y 打头注写在括号内。

2）基础梁的附加箍筋或（反扣）吊筋。将基础梁的附加箍筋或（反扣）吊筋直接画在平面图中的主梁上，用线引注总配筋值（附加箍筋的肢数注在括号内）。当多数附加箍筋或（反扣）吊筋相同时，可在基础梁平法施工图上统一注明，少数与统一注明值不同时，再原位引注。

3）外伸部位的几何尺寸。当基础梁外伸部位变截面高度时，在该部位原位注写 $b×h_1/h_2$，h_1 为根部截面高度，h_2 为尽端截面高度。

4）修正内容。

a. 当在基础梁上集中标注的某项内容（如梁截面尺寸、箍筋、底部与顶部贯通纵筋或架立筋、梁侧面纵向构造钢筋、梁底面标高高差等）不适用于某跨或某外伸部分时，则将其修正内容原位标注在该跨或该外伸部位，施工时原位标注取值优先。

b. 当在多跨基础梁的集中标注中已注明竖向加腋，而该梁某跨根部不需要竖向加腋时，则应在该跨原位标注等截面的 $b×h$，以修正集中标注中的加腋信息。

（3）基础主梁与基础次梁的平法识图。如图 7-6 所示。

4. 基础梁底部非贯通纵筋的长度是如何规定的?

（1）为方便施工，凡基础梁柱下区域底部非贯通纵筋的伸出长度 a_0 值，当配置不多于两排时，在标准构造详图中统一取值为自柱边向跨内伸出至 $l_n/3$ 位置；当非贯通纵筋配置多于两排时，从第三排起向跨内的伸出长度值应由设计者注明。l_n 的取值规定为：边跨边支座的底部非贯通纵筋，l_n 取本边跨的净跨长度值；对于中间支座的底部非贯通纵筋，l_n 取支座两边较大一跨的净跨长度值。

（2）基础梁外伸部位底部纵筋的伸出长度 a_0 值，在标准构造详图中统一取值为：第一排伸出至梁端头后，全部上弯 $12d$ 或 $15d$；其他排钢筋伸至梁端头后截断。

（3）设计者在执行第（1）、（2）条底部非贯通纵筋伸出长度的统一取值规定时，应注意按《混凝土结构设计规范（2015 年版）》（GB 50010—2010）、

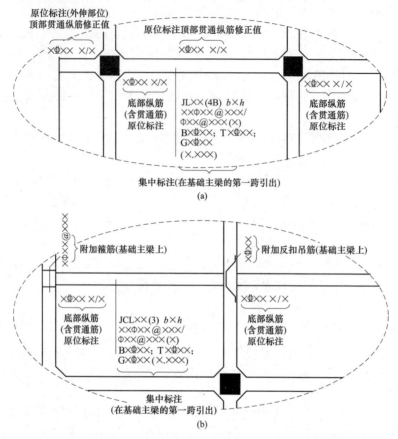

图 7-6　基础主梁与基础次梁的平法标注示意图

(a) 基础主梁；(b) 基础次梁

《建筑地基基础设计规范》（GB 50007—2011）和《高层建筑混凝土结构技术规程》（JGJ 3—2010）的相关规定进行校核，若不满足时应另行变更。

5. 梁板式筏形基础平板的平面注写包括哪些内容？

梁板式筏形基础平板 LPB 的平面注写内容包括板集中标注与原位标注。

（1）板底部与顶部贯通纵筋的集中标注。梁板式筏形基础平板 LPB 的集中标注，应在所表达的板区双向均为第一跨（X 与 Y 双向首跨）的板上引出（图面从左至右为 X 向，从下至上为 Y 向）。

板区划分条件：板厚相同、基础平板底部与顶部贯通纵筋配置相同的区域为同一板区。

集中标注的内容包括：

1）编号。梁板式筏形基础平板编号由"代号+序号"组成，见表 7-2。

表 7-2   梁板式筏形基础平板编号

构件类型	代号	序号	跨数及是否有外伸
基础平板	LPB	××	(××)、(××A) 或 (××B)

注：梁板式筏形基础平板跨数及是否有外伸分别在 X、Y 两向的贯通纵筋之后表达。

2）截面尺寸。基础平板的截面尺寸是指基础平板的厚度，表达方式为"$h=$ ×××"。

3）底部与顶部贯通纵筋及其跨数及外伸情况。底部与顶部贯通纵筋的表达：先注写 X 向底部（B 打头）贯通纵筋与顶部（T 打头）贯通纵筋及纵向长度范围；再注写 Y 向底部（B 打头）贯通纵筋与顶部（T 打头）贯通纵筋及其跨数及外伸情况。

贯通纵筋的跨数及外伸情况注写在括号中，注写"跨数及有无外伸"，其表达形式为：（××）（无外伸）、（××A）（一端有外伸）或（××B）（两端有外伸）。

基础平板的跨数以构成柱网的主轴线为准；两主轴线之间无论有几道辅助轴线（例如框筒结构中混凝土内筒中的多道墙体），均可按一跨考虑。

（2）板底附加非贯通纵筋的原位标注。梁板式筏型基础平板的原位标注表达的是横跨基础梁下（板支座）的底部附加非贯通纵筋。

1）原位注写位置及内容。板底部原位标注的附加非贯通纵筋，应在配置相同的第一跨表达（当在基础梁悬挑部位单独配置时则在原位表达）。在配置相同跨的第一跨（或基础梁外伸部位），垂直于基础梁，绘制一段中粗虚线（当该筋通长设置在外伸部位或短跨板下部时，应画至对边或贯通短跨），在虚线上注写编号（如①、②等）、配筋值、横向布置的跨数及是否布置到外伸部位。

板底部附加非贯通纵筋向自支座中线两边跨内的伸出长度值注写在线段的下方位置。当该筋向两侧对称伸出时，可仅在一侧标注，另一侧不注；当布置在边梁下时，向基础平板外伸部位一侧的伸出长度与方式按标准构造，设计不注。底部附加非贯通筋相同者，可仅注写一处，其他只注写编号。

横向连续布置的跨数及是否布置到外伸部位，不受集中标注贯通纵筋的板区限制。

2）注写修正内容。当集中标注的某些内容不适用于梁板式筏形基础平板某板区的某一板跨时，应由设计者在该板跨内以文字注明。

3）当若干基础梁下基础平板的底部附加非贯通纵筋配置相同时（其底部、顶部的贯通纵筋可以不同），可仅在一根基础梁下做原位注写，并在其他梁上注明"该梁下基础平板底部附加非贯通纵筋同××基础梁"。

（3）梁板式筏形基础平板的平法识图如图 7-7 所示。

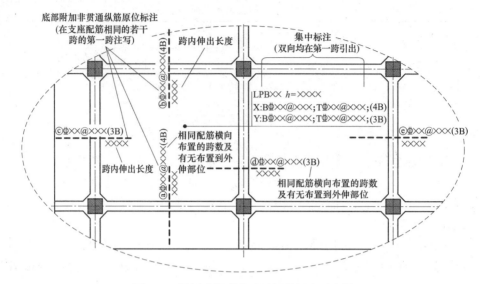

图 7-7　梁板式筏形基础平板的标注示意图

6. 平板式筏形基础构件有哪些类型？如何进行编号？

平板式筏形基础有两种。一是划分为柱下板带和跨中板带进行表达；二是按基础平板进行表达。其编号规定见表 7-3。

表 7-3　　　　　　　　　　柱下板带、跨中板带编号

构件类型	代号	序号	跨数及有无外伸
柱下板带	ZXB	××	（××）、（××A）或（××B）
跨中板带	KZB	××	（××）、（××A）或（××B）
平板式筏形基础平板	BPB	××	—

注：1. （××A）为一端有外伸，（××B）为两端有外伸，外伸不计入跨数。

　　2. 平板式筏形基础平板，其跨数及是否有外伸分别在 X、Y 两向的贯通纵筋之后表达。图面从左至右为 X 向，从下至上为 Y 向。

7. 柱下板带与跨中板带的平面注写包括哪些内容？

平板式筏形基础由柱下板带和跨中板带构成，其平面注写方式分集中标注和原位标注两部分内容组成。

（1）集中标注。柱下板带与跨中板带的集中标注，主要内容是注写板带底部与顶部贯通纵筋的，应在第一跨（X 向为左端跨，Y 向为下端跨）引出，具体内容包括：

1）编号。柱下板带、跨中板带编号（板带代号+序号+跨数及有无悬挑）见表 7-3。

2）截面尺寸。柱下板带、跨中板带的截面尺寸用 b 表示。注写"$b=××××$"表示板带宽度（在图注中注明基础平板厚度），随之确定的是跨中板带宽度（即相邻两平行柱下板带间的距离）。当柱下板带中心线偏离柱中心线时，应在平面图上标注其定位尺寸。

3）底部与顶部贯通纵筋。注写底部贯通纵筋（B 打头）与顶部贯通纵筋（T 打头）的规格与间距，用分号"；"将其分隔开。柱下板带的柱下区域，通常在其底部贯通纵筋的间隔内插空设有（原位注写的）底部附加非贯通纵筋。

（2）原位标注。柱下板带与跨中板带的原位标注的主要内容是注写底部附加非贯通纵筋。具体内容包括：

1）注写内容。以一段与板带同向的中粗虚线代表附加非贯通纵筋；柱下板带：贯穿其柱下区域绘制；跨中板带：横贯柱中线绘制。在虚线上注写底部附加非贯通纵筋的编号（如①、②等）、钢筋级别、直径、间距，以及自柱中线分别向两侧跨内的伸出长度值。当向两侧对称伸出时，长度值可仅在一侧标注，另一侧不注。

外伸部位的伸出长度与方式按标准构造，设计不注。对同一板带中底部附加非贯通筋相同者，可仅在一根钢筋上注写，其他可仅在中粗虚线上注写编号。

原位注写的底部附加非贯通纵筋与集中标注的底部贯通纵筋，宜采用"隔一布一"的方式布置，即柱下板带或跨中板带底部附加纵筋与贯通纵筋交错插空布置，其标注间距与底部贯通纵筋相同（两者实际组合后的间距为各自标注间距的 1/2）。

当跨中板带在轴线区域不设置底部附加非贯通纵筋时，则不做原位注写。

2）修正内容。当在柱下板带、跨中板带上集中标注的某些内容（如截面尺寸、底部与顶部贯通纵筋等）不适用于某跨或某外伸部分时，则将修正的数值原位标注在该跨或该外伸部位，施工时原位标注取值优先。

对于支座两边不同配筋值的（经注写修正的）底部贯通纵筋，应按较小一边的配筋值选配相同直径的纵筋贯穿支座，较大一边的配筋差值选配适当直径的钢筋锚入支座，避免造成两边大部分钢筋直径不相同的不合理配置结果。

（3）柱下板带与跨中板带平法识图如图 7-8 所示。

8. 平板式筏形基础平板的平面注写包括哪些内容？

平板式筏形基础平板的平面注写，分为集中标注与原位标注两部分内容。

（1）集中标注。平板式筏形基础平板的集中标注的主要内容为注写板底部与顶部贯通纵筋。

当某向底部贯通纵筋或顶部贯通纵筋的配置，在跨内有两种不同间距时，先注写跨内两端的第一种间距，并在前面加注纵筋根数（以表示其分布的范

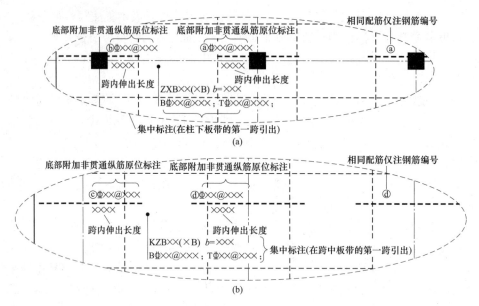

图 7-8　柱下板带与跨中板带平法标注示意图
(a) 柱下板带；(b) 跨中板带

围)：再注写跨中部的第二种间距（不需加注根数）；两者用"/"分隔。

(2) 原位标注。平板式筏形基础平板的原位标注，主要表达横跨柱中心线下的底部附加非贯通纵筋，内容包括：

1）原位注写位置及内容。在配置相同的若干跨的第一跨，垂直于柱中线绘制一段中粗虚线代表底部附加非贯通纵筋，在虚线上注写编号（如①、②等）、配筋值、横向布置的跨数及是否布置到外伸部位。

当柱中心线下的底部附加非贯通纵筋（与柱中心线正交）沿柱中心线连续若干跨配置相同时，则在该连续跨的第一跨下原位注写，且将同规格配筋连续布置的跨数注在括号内；当有些跨配置不同时，则应分别原位注写。外伸部位的底部附加非贯通纵筋应单独注写（当与跨内某筋相同时仅注写钢筋编号）。

当底部附加非贯通纵筋横向布置在跨内有两种不同间距的底部贯通纵筋区域时，其间距应分别对应为两种，其注写形式应与贯通纵筋保持一致，即先注写跨内两端的第一种间距，并在前面加注纵筋根数，再注写跨中部的第二种间距（不需加注根数），两者用"/"分隔。

2）当某些柱中心线下的基础平板底部附加非贯通纵筋横向配置相同时（其底部、顶部的贯通纵筋可以不同），可仅在一条中心线下做原位注写，并在其他柱中心线上注明"该柱中心线下基础平板底部附加非贯通纵筋同××柱中心线。

（3）平板式筏型基础平板标注识图如图 7-9 所示。

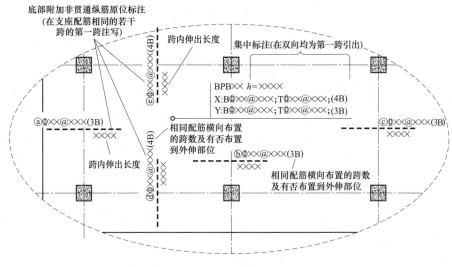

图 7-9　平板式筏型基础平板标注示意图

7.2　筏形基础钢筋翻样与下料

1. 基础梁端部钢筋有哪些构造？

（1）端部等截面外伸构造。基础梁端部等截面外伸钢筋构造如图 7-10 所示。

1）梁顶部上排贯通纵筋伸至尽端内侧弯折 12d；顶部下排贯通纵筋不伸入外伸部位。

2）梁底部上排非贯通纵筋伸至端部截断；底部下排非贯通纵筋伸至伸至尽端内侧弯折 12d，从支座边缘向跨内的延伸长度为 max（$l_n/3$，l_n'）。

3）梁底部贯通纵筋伸至尽端内侧弯折 12d。当从柱内边算起的梁端部外伸长度不满足直锚要求时，基础梁下部钢筋伸至端部后弯折，且从柱内边算起水平段长度大于或等于 0.6l_{ab}，弯折段长度为 15d。

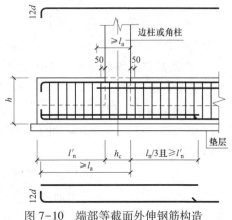

图 7-10　端部等截面外伸钢筋构造

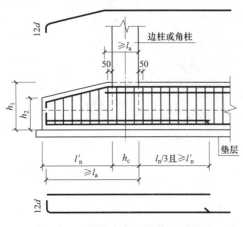

图 7-11　端部变截面外伸钢筋构造

（2）端部变截面外伸构造。基础梁端部变截面外伸钢筋构造如图 7-11 所示。

1）梁顶部上排贯通纵筋伸至尽端内侧弯折 12d；顶部下排贯通纵筋不伸入外伸部位。

2）梁底部上排非贯通纵筋伸至端部截断；底部下排非贯通纵筋伸至伸至尽端内侧弯折 12d，从支座边缘向跨内的延伸长度为 max（$l_n/3$，l_n'）。

3）梁底部贯通纵筋伸至尽端内侧弯折 12d。当从柱内边算起的梁端部外伸长度不满足直锚要求时，基础梁下部钢筋伸至端部后弯折，且从柱内边算起水平段长度大于或等于 $0.6l_{ab}$，弯折段长度为 15d。

（3）端部无外伸构造。基础梁端部无外伸钢筋构造如图 7-12 所示。

1）梁顶部贯通纵筋伸至尽端内侧弯折 15d；从柱内侧起，伸入端部且水平段大于或等于 $0.6l_{ab}$（顶部单排/双排钢筋构造相同）。

2）梁底部非贯通纵筋伸至尽端内侧弯折 15d；从柱内侧起，伸入端部且水平段大于或等于 $0.6l_{ab}$，从支座边缘向跨内的延伸长度为 $l_n/3$。

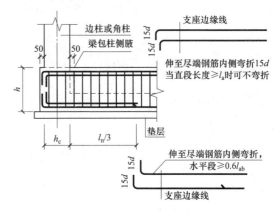

图 7-12　端部无外伸钢筋构造

3）梁底部贯通纵筋伸至尽端内侧弯折 15d；从柱内侧起，伸入端部且水平段大于或等于 $0.6l_{ab}$。

2. 基础梁纵筋如何翻样？

（1）当基础梁两端均无外伸时，如图 7-13 所示。

1）贯通纵筋。

$$上部贯通筋长度 = 梁长 - 2c + 2 \times 15d \qquad (7\text{-}1)$$

$$下部贯通筋长度 = 梁长 - 2c + 2 \times 15d \qquad (7\text{-}2)$$

式中　c——基础梁端保护层厚度。

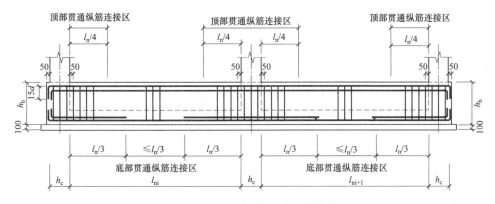

图 7-13 基础主梁两端均为无外伸构造

2）非贯通纵筋。

$$下部端支座非贯通钢筋长度 = h_c + l_n/3 - c + 50 + 15d \qquad (7-3)$$

$$下部中间支座非贯通钢筋长度 = (l_n/3) \times 2 + h_c \qquad (7-4)$$

（2）基础梁两端均为等截面，如图 7-14 所示。

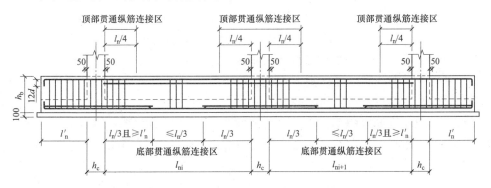

图 7-14 基础主梁两端均为等截面外伸构造

1）贯通纵筋。

$$上部贯通筋长度 = 梁长 - 2 \times c + 2 \times 弯折 12d \qquad (7-5)$$

$$下部贯通筋长度 = 梁长 - 2 \times c + 2 \times 弯折 12d \qquad (7-6)$$

2）非贯通纵筋。

$$下部端支座非贯通钢筋长度 = 外伸长度 \ l_n' + h_c + \max(l_n/3, l_n') - c \qquad (7-7)$$

$$下部中间支座非贯通钢筋长度 = (l_n/3) \times 2 + h_c \qquad (7-8)$$

（3）当基础梁一端无外伸，一端为等截面外伸时，构造如图 7-15 所示。

1）贯通纵筋。

$$上部贯通筋长度 = 梁长 - 2 \times c + 左弯折 12d + 右弯折 12d \qquad (7-9)$$

$$下部贯通筋长度 = 梁长 - 2 \times c + 左弯折 12d + 右弯折 12d \qquad (7-10)$$

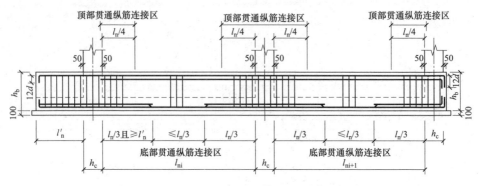

图 7-15 基础梁一端无外伸，一端为等截面外伸构造

2）非贯通纵筋。

a. 等截面外伸端。

$$端支座非贯通钢筋长度 = 外伸长度 l'_n + h_c + \max(l_n/3, l'_n) - c \qquad (7-11)$$

b. 无外伸端。

$$端支座非贯通钢筋长度 = 50 + h_c + l_n/3 - c \qquad (7-12)$$

c. 中间支座。

$$下部中间支座非贯通钢筋长度 = (l_n/3) \times 2 + h_c \qquad (7-13)$$

3. 基础梁变截面部位钢筋构造是如何规定的？

基础主梁变截面、变标高形式包括以下四种：梁底有高差、梁底与梁顶均有高差、梁顶有高差、柱两边梁宽不同。

（1）梁底有高差钢筋构造。梁底面标高低的梁底部钢筋斜伸至梁底面标高高的梁内，锚固长度为 l_a；梁底面标高高的梁底部钢筋锚固长度大于或等于 l_a 截断即可，如图 7-16 所示。

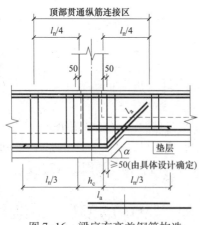

图 7-16　梁底有高差钢筋构造

（2）梁底、梁顶均有高差构造。梁底面标高高的梁顶部第一排纵筋伸至尽端，弯折长度自梁底面标高低的梁顶部算起 l_a，顶部第二排纵筋伸至尽端钢筋内侧，弯折长度为 $15d$，当直锚长度大于或等于 l_a 时可不弯折，底部钢筋锚固长度大于或等于 l_a 截断即可；梁底面标高低的梁顶部纵筋锚入长度大于或等于 l_a 截断即可，底部钢筋斜伸至梁底面标高高的梁内，锚固长度为 l_a，如图 7-17 所示。

（3）梁顶有高差钢筋构造。梁顶面标高高的梁顶部第一排纵筋伸至尽端，弯

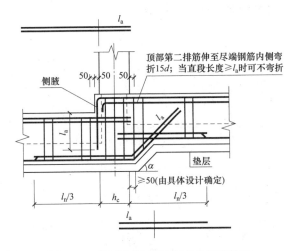

图 7-17 梁顶和梁底均有高差钢筋构造

折长度自梁顶面标高低的梁顶部算起为 l_a，顶部第二排纵筋伸至尽端钢筋内侧，弯折长度为 $15d$，当直锚长度大于或等于 l_a 时可不弯折。梁顶面标高低的梁上部纵筋锚固长度大于或等于 l_a 截断即可，如图 7-18 所示。

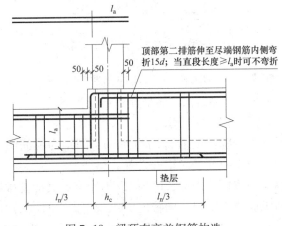

图 7-18 梁顶有高差钢筋构造

（4）柱两边梁宽不同钢筋构造。柱两边梁宽不同时，宽出部位梁的上、下部第一排纵筋连通设置；在宽出部位，不能连通的钢筋，上、下部第二排纵筋伸至尽端钢筋内侧，弯折长度为 $15d$，当直锚长度大于或等于 l_a 时，可不弯折，如图 7-19 所示。

4. 基础梁侧面构造纵筋和拉筋构造是如何规定的？

基础梁侧面构造纵筋和拉筋如图 7-20 所示。

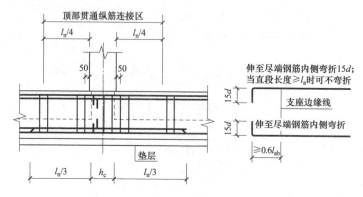

图 7-19 柱两边梁宽不同钢筋构造

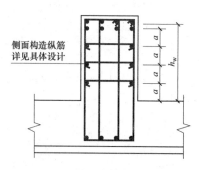

图 7-20 梁侧面构造钢筋和拉筋

基础梁 $h_w \geqslant 450$mm 时，梁的两个侧面应沿高度配置纵向构造钢筋，纵向构造钢筋间距为 $a \leqslant 200$mm；侧面构造纵筋能贯通就贯通，不能贯通则取锚固长度值为 $15d$，如图 7-20 和图 7-21 所示。

梁侧钢筋的拉筋直径除注明者外均为 8mm，间距为箍筋间距的 2 倍。当设有多排拉筋时，上下两排拉筋竖向错开设置。

基础梁侧面纵向构造钢筋搭接长度为 $15d$。十字相交的基础梁，当相交位置有柱时，侧面构造纵筋锚入梁包柱侧腋内 $15d$，如图 7-21（a）所示；当无柱时侧面构造纵筋锚入交叉梁内 $15d$，如图 7-21（d）所示。丁字相交的基础梁，当相交位置无柱时，横梁外侧的构造纵筋应贯通，横梁内侧的构造纵筋锚入交叉梁内 $15d$，如图 7-21（e）所示。

基础梁侧面受扭纵筋的搭接长度为 l_l，其锚固长度为 l_a，锚固方式同梁上部纵筋。

5. 基础梁与柱结合部侧腋构造是如何规定的？

基础主梁与柱接合部侧腋的构造共有五种形式，如图 7-22 所示。

基础梁与柱结合部侧加腋筋，由加腋筋及其分布筋组成，均不需要在施工

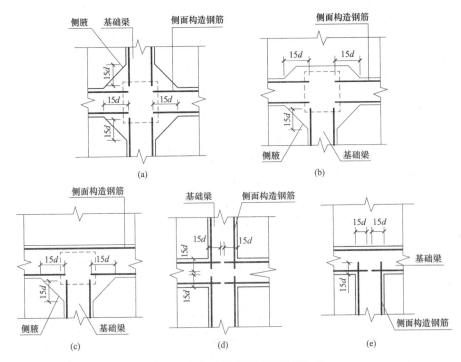

图 7-21 基础梁侧面构造纵筋构造

图上标注，按图集上构造规定即可；加腋筋规格大于或等于 $\phi 12\text{mm}$ 且不小于柱箍筋直径，间距同柱箍筋间距；加腋筋长度为侧腋边长加两端 l_a；分布筋规格为 $8\Phi200$。

6. 基础梁竖向加腋构造有什么特点？

基础梁竖向加腋钢筋构造如图 7-23 所示。

（1）加腋筋的两端分别伸入基础主梁和柱内锚固长度为 l_a。

（2）加腋范围内的箍筋与基础梁的箍筋配置相同，仅箍筋高度为变值。

（3）基础梁高加腋筋规格，若施工图未注明，则同基础梁顶部纵筋；若施工图有标注，则按其标注规格。

（4）基础梁高加腋筋，根数为基础梁顶部第一排纵筋根数减去 1。

7. 基础次梁端部外伸部位钢筋构造有哪些情况？

（1）端部等截面外伸钢筋构造。基础次梁端部等截面外伸钢筋构造如图 7-24 所示。

梁顶部贯通纵筋伸至尽端内侧弯折 $12d$；梁底部贯通纵筋伸至尽端内侧弯折 $12d$。

梁底部上排非贯通纵筋伸至端部截断；底部下排非贯通纵筋伸至尽端内侧弯折 $12d$，从支座中心线向跨内的延伸长度为 $l_n/3+b_b/2$。

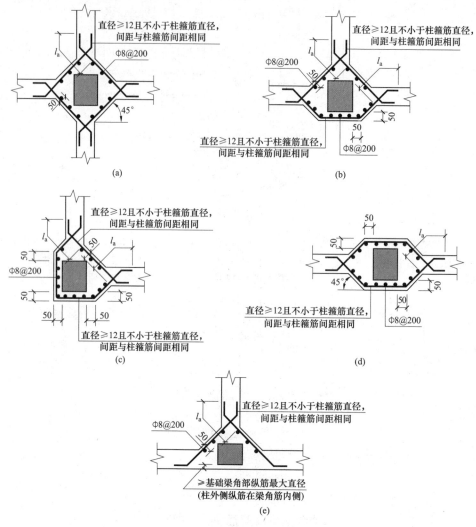

图 7-22　基础梁 JL 与柱结合部侧腋构造

（a）十字交叉基础梁与柱结合部侧腋构造；（b）丁字交叉基础梁与柱结合部侧腋构造；

（c）无外伸基础梁与柱结合部侧腋构造；（d）基础梁中心穿柱侧腋构造；

（e）基础梁偏心穿柱与柱结合部侧腋构造

　　当从基础主梁内边算起的外伸长度不满足直锚要求时，基础次梁下部钢筋伸至端部后弯折 15d，且从梁内边算起水平段长度应大于或等于 $0.6l_{ab}$。

　　（2）端部变截面外伸钢筋构造。基础次梁端部变截面外伸钢筋构造如图 7-25 所示。

　　梁顶部贯通纵筋伸至尽端内侧弯折 12d。梁底部贯通纵筋伸至尽端内侧弯折 12d。

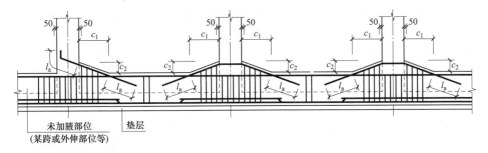

图 7-23　基础梁竖向加腋钢筋构造

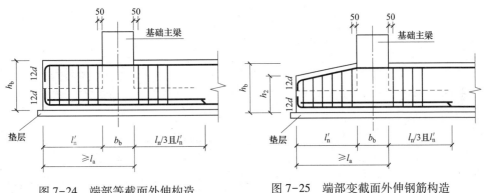

图 7-24　端部等截面外伸构造　　　　图 7-25　端部变截面外伸钢筋构造

　　梁底部上排非贯通纵筋伸至端部截断；梁底部下排非贯通纵筋伸至伸至尽端内侧弯折 $12d$，从支座中心线向跨内的延伸长度为 $l_n/3+b_b/2$。

　　当从基础主梁内边算起的外伸长度不满足直锚要求时，基础次梁下部钢筋伸至端部后弯折 $15d$，且从梁内边算起水平段长度应大于或等于 $0.6l_{ab}$。

8. 基础次梁纵向钢筋和箍筋构造是如何规定的?

　　基础次梁纵向钢筋与箍筋构造如图 7-26 所示。

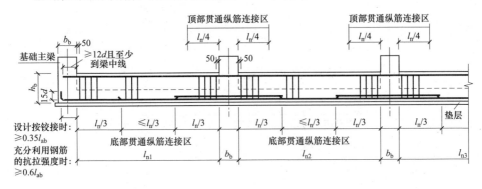

图 7-26　基础次梁纵向钢筋与箍筋构造

（1）顶部和底部贯通纵筋在连接区内采用搭接、机械连接或对焊连接。且在同一连接区段内接头面积百分比率不宜大于50%。当钢筋长度可穿过一连接区到下一连接区并满足要求时，宜穿越设置。当底部纵筋多于两排时，从第三排起非贯通纵筋向跨内的伸出长度值应由设计者注明。

（2）节点区内箍筋按梁端箍筋设置。梁相互交叉宽度内的箍筋按截面高度较大的基础梁设置。当具体设计未注明时，基础梁外伸部位按梁端第一种箍筋设置。

9. 基础次梁竖向加腋钢筋构造是如何规定的？

基础次梁竖向加腋钢筋构造如图7-27所示。

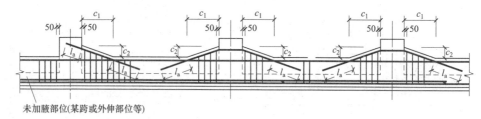

图7-27　基础次梁竖向加腋钢筋构造

基础次梁高加腋筋，长度为锚入基础梁内 l_a；根数为基础次梁顶部第一排纵筋根数减去1。

10. 梁板式筏形基础平板变截面钢筋如何翻样？

筏板变截面包括板底有高差，板顶有高差，板底、板顶均有高差三种情况。

当筏板下部有高差时，低跨的筏板必须做成45°或者60°梁底台阶或者斜坡。当筏板梁有高差时，不能贯通的纵筋必须相互锚固。

（1）板顶有高差。基础筏板板顶有高差构造如图7-28所示。

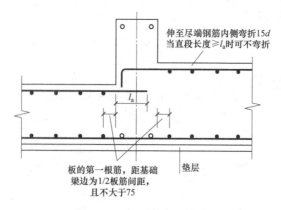

图7-28　板顶有高差构造

低跨筏板上部纵筋伸入基础梁内长度＝max(12d,0.5h_b)

高跨筏板上部纵筋伸入基础梁内长度＝max(12d,0.5h_b)

（2）板底有高差。板底有高差构造如图7-29所示。

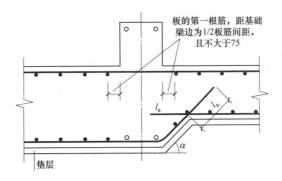

图7-29　板底有高差构造

高跨基础筏板下部纵筋伸入高跨内长度＝l_a

低跨基础筏板下部纵筋斜弯折长度＝高差值/sin45°(60°)+l_a

（3）板顶、板底均有高差。板顶、板底均有高差构造如图7-30所示。

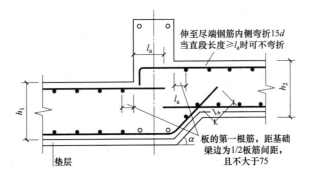

图7-30　板顶、板底有高差构造

低跨基础筏板上部纵筋伸入基础主梁内长度＝max(12d,0.5h_b)

高跨基础筏板上部纵筋伸入基础主梁内长度＝max(12d,0.5h_b)

高跨的基础筏板下部纵筋伸入高跨内长度＝l_a

低跨的基础筏板下部纵筋斜弯折长度＝高差值/sin45°(60°)+l_a

参 考 文 献

［1］李守巨. 例解钢筋下料方法［M］. 北京：知识产权出版社，2016.

［2］上官子昌. 16G101 图集应用——平法钢筋下料［M］. 北京：中国建筑工业出版社，2016.

［3］上官子昌. 钢筋翻样方法与实例［M］. 北京：中国建筑工业出版社，2017.

［4］栾怀军，孙国皖. 16G101 平法钢筋翻样与下料实例教程［M］. 北京：中国建材工业出版社，2017.

［5］田立新. 平法钢筋翻样与下料细节详解. 2 版.［M］. 北京：机械工业出版社，2017.